# गोड्या पाण्यातील मत्स्य संवर्धन आणि बिजोत्पादन

डॉ. धनाजी पाटील

डॉ. संदिप मरकड

# अनुक्रमणिका

## प्रकरण २ मत्स्य संवर्धनास उपयुक्त मत्स्य प्रजाती......... १३

## प्रकरण ३ मत्स्य संवर्धन पद्धतींचे प्रकार ...................... २६

## प्रकरण ४ मत्स्य संवर्धनावर परिणाम करणारे पाण्याचे घटक भौतिक, रासायनिक आणि जैविक ......... ४६



## प्रकरण ५ मत्स्य संवर्धन प्रणाली ............... ५३

डॉ. मनोज शर्मा

मत्स्य उद्योजक, मयांक ॲक्वाकल्चर प्रायव्हेट लिमिटेड, सुरत, गुजरात. सदस्य, मत्स्यशास्त्र अभ्यास मंडळ, स्वामी रामानंद तिर्थ मराठवाडा विद्यापीठ, नांदेड.

# अग्रेषित

## MAYANK AQUACULTURE PRIVATE LIMITED

जलसंपदा ही मानवास निसर्गाने दिलेली एक अनमोल देणगी आहे. गोड्या पाण्यातील मत्स्य संवर्धन आणि बीजोत्पादन हे त्याचे एक महत्त्वाचे अंग आहे. यामध्ये केवळ आर्थिक उन्नतीच नाही तर पर्यावरणाची समृद्धी आणि संतुलन देखील रखली जाते. नवनवीन तंत्रज्ञानच्या निर्मिती व विकास यामुळे शाश्वत आणि समृद्ध मस्त्य शेती केली जाऊ लागली आहे. मत्स्यसंवर्धन क्षेत्रातील सर्व नवीन व होतकरू मत्स्य संवर्धक, विद्यार्थी, संशोधक आणि अनुभवी शेतकऱ्यांना मत्स्य संवर्धनाबाबतचे तंत्रज्ञान, ज्ञान आणि मार्गदर्शन मिळावे, हाच मुख्य उद्देश समोर ठेऊन डॉ. धनाजी पाटील आणि डॉ. संदिप मरकड यांनी हे पुस्तक मराठी भाषेतून आणले आहे.

गोड्या पाण्यातील मत्स्य संवर्धनाचा व्यवसाय फक्त उत्पादन वाढविण्यासाठी नाही तर देशाच्या आर्थिक विकासातही मोठे योगदान देतो. मत्स्यपालन क्षेत्रातील नवनवीन तंत्रज्ञान व प्रगतीमुळे शाश्वत आणि समृद्ध व्यवसायाच्या अनेक संधी निर्माण झाल्या आहेत. या पुस्तकाद्वारे मत्स्य संवर्धक, शेतकरी, अभ्यासक आणि नवोदित उद्योजक यांना या क्षेत्रातील माहिती, तंत्रज्ञान व व्यावसायिक दृष्टिकोन समजून घेता येईल, अशी अपेक्षा आहे. मत्स्यपालनाच्या या प्रवासात आपली मेहनत आणि जिद्द फळाला येवो, हीच शुभेच्छा !

शुभेच्छांसह !

डॉ. मनोज शर्मा

मत्स्य उद्योजक, मयांक अक्काकल्चर प्रायव्हेट लिमिटेड, सुरत, गुजरात.

सदस्य, मत्स्य शास्त्र अभ्यास मंडळ, स्वा. रा. ति. मराठवाडा विद्यापीठ, नांदेड, महाराष्ट्र

F-17,18, Raj Green Heights, Jahangirpura, Rander Road, Surat (Gujarat) India.
Email : map.durgesh@gmail.com    Mo. 98795 54242

# अग्रेषित

## डॉ. जयप्रकाश गायकवाड

माजी प्राध्यापक व विभाग प्रमुख, मत्स्यशास्त्र विभाग, श्री शिवाजी महाविद्यालय, परभणी.

माजी अध्यक्ष, मत्स्यशास्त्र अभ्यास मंडळ, स्वामी रामानंद तिर्थ मराठवाडा विद्यापीठ, नांदेड.

---

प्रिय वाचक,

मी अत्यंत आनंद आणि अभिमानासह "गोड्या पाण्यातील मत्स्य संवर्धन आणि बीजोत्पादन" या पुस्तकासाठी हा संदेश लिहीत आहे. राष्ट्रीय शैक्षणिक धोरण २०२० याला केंद्रस्थानी ठेऊन या पुस्तकाची रचना केली गेली आहे. सदरील पुस्तक माझे विद्यार्थी डॉ. धनाजी पाटील आणि डॉ. संदिप मरकड यांनी आपल्या मराठी भाषेतून आणले आहे. हे पुस्तक विद्यार्थ्यांसाठी, शेतकऱ्यांसाठी, मत्स्यव्यवसायातील अभ्यासकांसाठी आणि संशोधकांसाठी अत्यंत उपयुक्त मार्गदर्शक ठरणार आहे. या बरोबरच या पुस्तकामुळे शेतकरी व मत्स्य संवर्धक यांना मातृभाषे मध्येच मत्स्य संवर्धनाबाबत माहिती व ज्ञान मिळवणे सोपे होईल. आजच्या काळात मत्स्यपालन व्यवसायाची वाढती गरज लक्षात घेता, व्यावसायिकांना या पुस्तकातून मत्स्य व्यवसायाच्या विविध पैलूंची, जसे की मत्स्यपालनाचे तंत्र, प्रजनन प्रक्रिया, पाण्याची गुणवत्ता, आहार, रोग नियंत्रण, आणि उत्पादन वाढीच्या आधुनिक पालन पद्धती, इत्यादीबाबत माहिती मिळेल.

या पुस्तकाच्या लेखकांनी त्यांच्या व्यापक अनुभव आणि संशोधन याचा वापर करून अत्यंत सोप्या आणि सुलभ भाषेत पुस्तकाची मांडणी केली आहे.

त्यामुळे नवीन विद्यार्थी, शिक्षक, शेतकरी, नव उद्योजक आणि अनुभवी मत्स्यव्यावसायिक यांच्यासाठी हे पुस्तक उपयुक्त ठरेल.

मी दोघांचे अभिनंदन करतो की त्यांनी अशा महत्त्वपूर्ण विषयावर एक सुंदर आणि माहितीपूर्ण पुस्तकची रचना केली आहे. या पुस्तकामुळे मत्स्य संवर्धन आणि बीज उत्पादन क्षेत्रातील नविन तंत्रज्ञान व माहितीचा प्रसार होईल आणि या व्यवसायाच्या वाढीस हातभार लागेल, अशी मला खात्री आहे.

शुभेच्छांसह,

**डॉ. जयप्रकाश गायकवाड**

दिनांक: २६/१०/२०२४

# प्रस्तावना

मत्स्य संवर्धन हे कृषी क्षेत्रातील सर्वात वेगाने वाढणारे क्षेत्र बनले आहे, जे उच्च दर्जाच्या प्रथिनांचे महत्त्वपूर्ण स्त्रोत आहे. मत्स्य संवर्धन हे केवळ उत्पादनाचे साधन नसून एक पर्यावरणपूरक व शाश्वत व्यवसाय आहे. यामध्ये रोजगार निर्मिती, पोषणमूल्याचा पुरवठा आणि ग्रामीण अर्थव्यवस्थेला आधार देण्याची क्षमता आहे. जागतिक पातळीवर उच्च-गुणवत्तेच्या, शाश्वत मत्स्य अन्नाची मागणी सतत वाढत असल्याने, पारंपारिक मत्स्य शेती पद्धती बदलून नवीन तंत्रज्ञानावर आधारित पर्यावरण पूरक पद्धती निर्मित होत आहेत. तंत्रज्ञानातील वैविध्यतेचा उपयोग करून कमीत कमी पाणी व जागेचा वापर करून, शाश्वत व पर्यावरणपूरक पद्धतीने मत्स्य प्रजातींचे संवर्धन करून अधिकाधिक मत्स्योत्पादन करणे, हा मत्स्यशेतीचा प्रमुख उद्देश आहे. या पुस्तकात गोड्या पाण्यातील मत्स्य संवर्धन आणि त्यांचे बिजोउत्पादन केंद्रस्थानी ठेवले असून शेतीच्या विविध पैलूंसाठी मार्गदर्शन करते, जे तंत्र आणि विज्ञान या दोन्हींवर गोष्टीवर आधारित आहे.

पुस्तकात मत्स्य फार्म उभारणे आणि त्याचे व्यवस्थापन करण्यापासून ते बीजोत्पादनाच्या महत्त्वाच्या पैलूपर्यंत संपूर्ण ज्ञान समाविष्ट केले आहे. प्रजातींची निवड, प्रजनन तंत्र, खाद्य व्यवस्थापन, पाण्याची गुणवत्ता व्यवस्थापन आणि रोग नियंत्रण बरोबरच अत्याधुनिक तंत्रज्ञानावर आधारित नवीन शाश्वत संवर्धन पद्धतीचा ही समावेश केलेला आहे. पारंपारिक पद्धती आणि अलीकडील तांत्रिक प्रगती यांच्यातील अंतर कमी करून, हे पुस्तक मत्स्य शेतकरी, व्यावसायिक, विद्यार्थी, संशोधक आणि गोड्या पाण्यातील मत्स्यशेतीच्या भविष्यात स्वारस्य

असलेल्या प्रत्येकासाठी एक मौल्यवान संसाधन बनण्याचे उद्दिष्ट ठेवते. हे पुस्तक तुम्हाला नवीन विचार व दिशा देईल,अशी आम्हाला आशा आहे.

या पुस्तकाच्या निर्मितीमध्ये आम्हाला प्रकाशकासोबत ज्यांनी सहकार्य केले त्या सर्वांचे मनःपूर्वक आभार!

**धन्यवाद !**

डॉ. धनाजी वामन पाटील

डॉ. संदिप सुरेंद्र मरकड

दिनांक: २६/१०/२०२४

# प्रकरण १
# मत्स्य संवर्धन परिचय

पूर्वी मत्स्योत्पादन हे प्रामुख्याने मासेमारीवर अवलंबून होते. सध्या होत असलेल्या बेसुमार मासेमारीमुळे माशांचे मासेमारीतून मिळणारे उत्पादन हळूहळू कमी होत आहे. त्यामुळे सध्या लोकप्रिय होत असलेल्या मत्स्य संवर्धनाद्वारे विविध जैवतंत्रज्ञानाचा वापर करून मत्स्योत्पादन वाढविता येवू शकते. मत्स्य संवर्धन हा मत्स्योत्पादन वाढविण्यासाठी एक परिवर्तनशील पर्याय आहे.

मत्स्य शेतीत लहान-मोठे तलाव, बंधारे, नाले ई. सारख्या जल स्त्रोतांमध्ये मासे आणि इतर जलचरांचे संगोपन करण्यात येते. व्यावसायिक दृष्ट्या महत्त्वाच्या देशी व परदेशी मासे, इतर जलचर प्राणी आणि पाण्यातील वनस्पती यांची शास्त्रीय पद्धतीने पैदास व संगोपन करून इच्छित लांबी व वजना पर्यंत वाढ झाल्यानंतर त्यांची काढणी करून विपणन केले जाते. मत्स्य संवर्धनासाठी विविध पद्धती वापरल्या जात असून त्यामध्ये तळ्यातील संवर्धन, धरणातील संवर्धन, पेन व पिंजरा संवर्धन, समुद्रातील संवर्धन, रेसवे संवर्धन इत्यादी पद्धतींचा मोठ्या प्रमाणात वापर केला जातो.

उत्पादित जलचरांचा उपयोग मानवासाठी अन्न उत्पादना बरोबरच इतर अनेक उद्देशांची पूर्तता करण्यासाठी होतो. संवार्धनाद्वारे धोक्यात आलेल्या व लुप्तप्राय प्रजातींच्या संख्येची पुनर्बांधणी; अधिवास पुनर्स्थापना; प्रजातींच्या नैसर्गिक साठा वाढ; सावज माशांचे (बेटफिश) उत्पादन; आणि प्राणि संग्रहालय व मत्स्यालयांसाठी उपयोग करणे शक्य होते.

## १.१ मत्स्य संवर्धनाची व्याख्या:

"जलीय वातावरणातील वनस्पती आणि प्राण्यांच्या शेतीला मत्स्य संवर्धन म्हणतात."

"मत्स्य शेती म्हणजे आर्थिकदृष्ट्या महत्वाच्या पाण्यातील वनस्पती आणि प्राण्यांची नियंत्रित परिस्थितीत शेती आणि पालन होय."

'तलाव, जलाशय इ. पाण्याच्या विशिष्ट साठ्यात अन्न, प्रजनन इत्यादी करिता शास्त्रोक्त पध्दतींचा वापर करून पाण्यातील वनस्पती व प्राण्यांचे उत्पादन करणे याला मत्स्य संवर्धन असे म्हणतात.'

"मानवी फायद्यासाठी मोठ्या प्रमाणात जलचर प्राण्यांचे संगोपन आणि व्यवस्थापन करणे याला मत्स्य संवर्धन असे म्हणतात."

खास तयार केलेल्या अधिवासात पाण्यातील प्राण्यांची (मासे, खेकडे, लॉबस्टर, बेडूक इत्यादी) शेती करणे म्हणजे मत्स्यपालन होय. यशस्वी मत्स्य संवर्धनासाठी निवड केलेल्या मत्स्य प्रजातीचे खाद्य, आहार सवयी, अधिवास, पुनरुत्पादन व मत्स्य प्रक्रिया इत्यादींचा अभ्यास असणे आवश्यक आहे.

FAO (१९८८) नुसार मत्स्यपालन म्हणजे मासे, मृदुकाय (मोलुस्क), कवचधारी (क्रस्टेशियन) आणि जलीय वनस्पतींसह इतर जलीय जीवांची शेती होय. शेती म्हणजे उत्पादन वाढवण्यासाठी संगोपन प्रक्रियेत काही प्रमाणात हस्तक्षेप करणे, ज्यामध्ये ठराविक घनतेने साठवण, आहार व्यवस्थापन, भक्षकांपासून संरक्षण इ. समावेश होय.

## १.२ मत्स्य पालनाचा इतिहासः

सी. एफ. हिक्लिंग या इंग्रजी लेखकाने एस. वाय. लिन या प्रसिद्ध चिनी मत्स्यपालन तज्ज्ञाचा दाखला देत मत्स्यशेतीची सुरुवात इ.स.पू. १०००-२००० या कालखंडात झाल्याचे म्हटले आहे. यावरून असे दिसून येते की, मत्स्यशेतीला ४००० वर्षांपूर्वीचा प्रदीर्घ इतिहास आहे. तथापि, त्या काळात आणि विशेषतः छपाईच्या आगमनापूर्वी, एका पिढीकडून दुसऱ्या पिढीला विशेषतः वर्णनांखेरीज कोणतीही नोंद उपलब्ध नव्हती. चीनमध्ये प्रामुख्याने सामान्य कार्प (*Cyprinus carpio*) वापरून मत्स्य शेतीच्या प्रारंभाचा उगम झाला आहे.

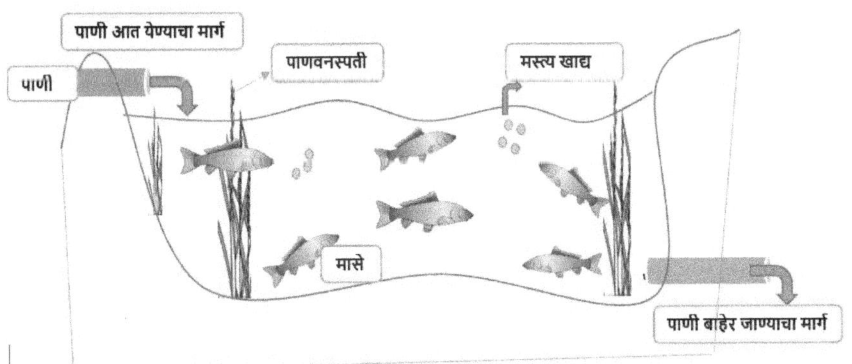


**आकृती १.१: तलावातील मत्स्य संवर्धन**

इ.स.पू. ५०० च्या आसपास अनेक लेखकांनी मत्स्य संवर्धनाबाबत योगदान दिले आहे. मत्स्य संवर्धनाच्या इतिहासात हे शतक खूप महत्त्वाचे मानले जाते. याच काळात फॅन लाई यांनी 'द क्लासिक ऑफ फिश कल्चर' हे पुस्तक लिहिले. या पुस्तकात मत्स्यशेतीचा सर्वांत जुना विस्तृत प्रबंध आहे.

## भारतीय उपखंडातील मत्स्य पालनाचा इतिहासः

भारतिय उपखंडात पाण्याचा स्त्रोत म्हणून आणि धार्मिक कारणांसाठी वेगवेगळ्या आकाराचे पाणवठे बांधण्याची प्रथा अगदी सुरुवातीच्या काळात सुरू झाली. सुरवातीला त्यांचा उपयोग मत्स्य संवर्धनासाठी होत नसे. नंतर मात्र त्यांचा उपयोग सुरुवातीला मासेमारीसाठी आणि नंतर मत्स्य संवर्धनासाठी केला जाऊ लागला.

## मत्स्य शेतीचा विस्तार आणि बीजोत्पादनात यशः

कृत्रिम बिज निर्मित करून मत्स्यपालन उद्योगाचा जगभर विस्तार १७००-१९०० या कालखंडात झाला. याचे म्हत्वाचे कारण म्हणजे तंत्रज्ञानातील यशामुळे शेती योग्य मत्स्य प्रजातींची बिजनिर्मिती होय. पूर्वी यांचे बिज केवळ नदी पात्रातून किंवा इतर जलस्त्रोतातूनच उपलब्ध होत असे.

या कालखंडानंतर अनेक मत्स्य प्रजाती शेतीसाठी उपयोगात आणल्या जाऊ लागल्या आणि त्यामुळे उत्पादन आणि लागवडी क्षेत्रात या उद्योगाचा विस्तार होत गेला. संवर्धन उद्योगातील शेतकर्‍यांनी सर्वाधिक फायदेशीर असलेल्या प्रजातीची निवड करण्याचा नवा ट्रेंड स्वीकारला. त्यामुळे उच्च मूल्यांच्या प्रजातीवर विशेषत: निर्यातीची मागणी जास्त असलेल्या प्रजातीवर भर देण्यात आला. कोळंबी, झिंगा, उच्च मूल्य असलेले मासे (सीबास / ग्रुपर्स), समुद्री शैवाल आणि संबंधित इतर प्रजाती महत्वाच्या मानल्या जाऊ लागल्या. निवडक प्रजातीची मागणी आणि उच्च बाजारमूल्य कायम राहिल्याने उच्च तंत्रज्ञान संवर्धन पद्धती ही या उद्योगाचा आदर्श बनली. सध्या या व्यवसायात

उत्पादनाच्या गुणवत्तेचे मानांक राखणे आणि प्रमुख बाजारपेठांसाठी स्पर्धा करणे ही एक मोठी चिंतेची बाब बनली आहे.

## १.३ मत्स्य शेतीचे ध्येय, उद्दिष्ट, महत्त्व आणि व्याप्ती:

मत्स्य संवर्धन किंवा मत्स्य शेतीचे उद्दिष्ट हे माशांचे तर्कशुद्ध संगोपन आहे, ज्यात विशेषत: वाढ आणि प्रजननाचे नियंत्रण यांचा समावेश आहे. माशांचे संगोपन केवळ उत्पादन वाढीशी संबंधित नसून उत्पादनाची गुणवत्ता सुधारण्याशी देखील आहे. माशांची वाढ, पुनरुत्पादन, आहार, पाणी गुणवत्ता नियंत्रण व देखभाल, निसर्गावर न सोडता त्यांचे देखरेख व नियमन करणे म्हणजे 'मत्स्य संवर्धन' होय.

तलावांमध्ये प्रामुख्याने दोन प्रकारची एक पूर्ण आणि दुसरी प्रतिबंधित मत्स्य शेती केली जाते. पूर्ण आणि प्रतिबंधित मत्स्यशेतीमध्ये फरक आहे. संपूर्ण मत्स्यशेतीची सुरुवात अंडी उत्पादनापासून पूर्ण आकार वाढीपर्यंत माशांचे अन्नासाठी किंवा प्रजनना साठी पालन केले जाते. प्रतिबंधित मत्स्यशेतीत एकतर माशांचे बीज निर्मिती किंवा मत्स्य बीजाचे पालन करून मत्स्य उत्पादन केले जाते.

## १.३.१ मत्स्य शेतीचे महत्त्व:

मत्स्य शेतिला अनन्यसाधारण महत्त्व प्राप्त झालेले आहे. ते खालील प्रमाणे विषद केले आहे-

१. मत्स्य शेती मोठ्या प्रमाणावर राष्ट्रीय अर्थव्यवस्थेला आधार देते.

२. मत्स्य शेतीमुळे मानवजातीला महत्त्वाचे आर्थिक व पौष्टिक फायदे मिळतात.

३. विकसनशील देशांमध्ये मत्स्य शेतीवर जास्त प्रमाणात लक्ष्य केंद्रित गेले आहे.

४. कोळंबी आणि कोळंबी सारख्या उच्च मूल्यांच्या प्रजातीच्या निर्यातीतून देशाला आवश्यक परकीय चलन मिळते.

५. मत्स्य शेतीमुळे अन्नाच्या कमतरतेची समस्या सोडविण्यास हातभार लागतो.

६. मत्स्य शेती ही उच्च प्रतीच्या प्रथिनांचा स्रोत उपलब्ध करून, उत्पन्न निर्माण करण्याची नवीन संधी मानवास उपलब्ध करून देते. तसेच पोषण सुधारून उपासमार आणि कुपोषणाची समस्याही कमी करण्यास मदत करते.

७. लहान शेतकऱ्यांसाठी मत्स्यशेती हा एक अन्नपुरवठ्याचा प्रमुख स्रोत आहे.

८. मत्स्य शेतीतून बेरोजगारांना रोजगार उपलब्ध होऊन नोकरी किंवा इतर कामाची संधी मिळते.

९. काही माशांच्या प्रजाती ह्या जैविक नियंत्रण म्हणून कार्य करतात. उदा. गप्पी आणि गवत्या मासे.

१०. मत्स्य शेती माणसाला वेगवेगळे पोष्टिक मासे आणि अनेक इतर उपपदार्थ पुरवते.

११. मत्स्य शेतीमुळे अल्पावधीतच पृथ्वीवरील संकटग्रस्त किंवा नामशेष होणारे जलचर प्राण्याचे पुनर्वसन शक्य होत आहे. मत्स्य शेतीमुळे अल्पावधीतच अपेक्षित प्रमाणात आवश्यक असणारे मासे उपलब्ध होतात.

१२. मत्स्य शेतीमुळे गरीब समाजाचा सामाजिक-आर्थिक स्तर उंचावण्यास मदत होते.

जर सर्व संभाव्य जलस्त्रोत मत्स्य संवर्धन, मासेमारी साठी वापरले जातील व तसेच जगातील बहुसंख्य लोकसंख्या यांचे सेवन करू लागतील, तर कृषी पीक उत्पादनावर अवलंबून असणारी अन्नाची मागणी मोठ्या प्रमाणात कमी होईल. त्यामुळे अन्नटंचाईने कोणीही कुपोषित राहणार नाही. अशाप्रकारे, राष्ट्रीय विकासात मत्स्यशेतीला म्हत्वाचे स्थान आहे.

## १.३.२ मत्स्य शेतीचे उद्दिष्ट:

तंत्रज्ञानात वैविध्यता आणून कमीत कमी पाणी व जागेचा वापर करून, शाश्वत व पर्यावरणपूरक पद्धतीने मत्स्य प्रजातींचे संवर्धन करून अधिकाधीक मत्स्योत्पादन करणे, हा मत्स्य शेतीचा प्रमुख उद्देश आहे. संवर्धनासाठी प्राणी (मासे, कोळंबी, काकई, शिंपले), वनस्पती (समुद्री शैवाळ) आणि शेती तंत्राचा प्रकार (तलाव मत्स्य शेती, रेसवे मत्स्य शेती, पिंजरा व पेन शेती, राफ्ट मत्स्य शेती) यांची माहिती असणे आवशक आहे. तसेच या सोबत गोड्या पाण्यातील, निम-खारे पाण्यातील किंवा समुद्राच्या पाण्यातील मत्स्य संवर्धन तंत्राचे ज्ञान असणे अपेक्षित असते.

मत्स्य शेतीची उद्दिष्टे खालीलप्रमाणे आहेत-

१. जलचर प्राणी व वनस्पती यांचे जास्तीत जास्त उत्पादन मिळविणे.

२. स्वदिष्ट आणि पौष्टिकदृष्ट्या समृद्ध माशांचे उत्पन्न मिळविणे.

३. संवर्धनासह मासेमारी उद्योगांसाठी उपउत्पादने निर्माण करणे.

४. स्थानिक व भौगोलिक सजीवांच्या विपुलतेचा व विस्ताराचा अभ्यास करणे. तसेच त्यांच्यातील तात्पुरत्या बदलांचा ही अभ्यास करणे.

५. समुदायातील आंतरसंबंधांचा व उत्क्रांती विकासाचा अभ्यास करणे.

६. नैसर्गिक साधनसंपत्तीचे संवर्धन व व्यवस्थापन करणे.

७. जैविक उत्पादकतेचा अभ्यास करणे.

८. दरडोई उत्पादन वाढवून देशाच्या अर्थव्यवस्थेला चालना देणे.

९. बेरोजगारांना रोजगाराच्या संधी निर्माण करणे.

१०. उपलब्ध नैसर्गिक जलस्त्रोतांचा जास्तीत जास्त वापर करणे.

११. भारतीय उपखंडातील लोकांचा सामाजिक व आर्थिक स्तर उंचावणे.

१२. परदेशात माशांची निर्यात करून परकीय चलन व महसूल मिळविणे.

१३. मत्स्यालयांच्या सुशोभीकरणासाठी शोभवंत माशांचे संवर्धन करणे.

१४. डास अळींच्या नियंत्रणासाठी अळ्या खाणाऱ्या (Larvicide) माशांचे संवर्धन करणे.

१५. माशांच्या स्वरूपात अन्न उत्पादन वाढविणे व इतर अन्न पदार्थांवरील ताण कमी करणे

## १.३.३ मत्स्य शेतीची व्याप्ती:

माशांची व्याख्या थंड रक्ताचे पाण्यातील पृष्ठवंशी प्राणी म्हणून केली जाते, जे  कल्ल्याच्या सहाय्याने श्वास घेतात आणि पराच्या मदतीने पोहतात. 'मत्स्यविज्ञान' हा शब्द मानवासाठी उपयुक्त असणारे मासे, कवचधारी, मृदुकाय व इतर  जलचर प्राण्यांचे संगोपन आणि व्यवस्थापनासाठी वापरला जातो. उपलब्ध जलस्त्रोतांचा योग्य वापर करून मोठ्या प्रमाणात माशांचे संगोपन व व्यवस्थापन करणे म्हणजे मत्स्यविज्ञान होय.

जगात दिवसेंदिवस मानवी लोकसंख्या स्फोटक दराने वाढत असून त्याच बरोबर अन्नाचीही मागणी वाढत आहे. परंतु जगाच्या निरोगी जीवनासाठी आवशक असणारी अन्नाची मागणी पूर्ण करण्याच्या दृष्टीने सध्या पुरेसे अन्न उपलब्ध नाही. तरुण पिढीसाठी प्राण्यांच्या प्रथिनांची गरज असून ती गरज भागविण्यासाठी मासे हा कमी खर्चिक उत्तम पर्याय आहे. म्हणून मत्स्यशेतीची व्याप्ती खालील प्रकारे स्पष्ट करता येईल-

## १.३.३.१ मत्स्य शेती व कृषीशेती :

भारतातील सुमारे ७५ टक्के लोकसंख्या हरितक्रांतीवर निगडित असणाऱ्या कृषी शेतीवर अवलंबून आहे. सध्याच्या काळात कृषी शेतीत बरीच प्रगती झाली आहे. या आधुनिक काळात, शेतीत आधुनिक तंत्रज्ञान त्र अवजारांचा वापर केला जातो. संकरीत बियाणे, कृषी अभियांत्रिकीचे उपयोग, हवामान अभ्यास,  रोग व्यवस्थापन, आधुनिक उपकरणांचा उपयोग, तसेच डिजिटल प्रणालीचाही उपयोग  शेतीसाठी उपयुक्त ठरत आहेत.  भारतात हरितक्रांतीमुळे शेतीत प्रचंड बदल झाले. त्याचप्रमाणे भारतीय शेतकऱ्यांच्या विकासात निल क्रांतीचाही मोठा वाटा आहे.

शेतकरी ऊस, हळद, केळी व इतर पिकांसाठी जास्त पाण्याचा वापर करतात. त्यापेक्षा कमी पाणी मत्स्यपालन पद्धतीसाठी वापरून काही हेक्टर क्षेत्रात मासे, कोळंबी, कालवे आणि खेकडे यांची शेती केली जाऊ शकते. त्यामुळे शेतकरी कृषी आधारित पीक उत्पादनासोबत मत्स्यशेतीचा अवलंब करून मासे आणि कोळंबी सारखे अधिक पोषक पशुप्रथिने मिळवू शकतात.

## १.३.३.२ मत्स्य शेती आणि उद्योग :

उद्योग हे विकसनशील देशाचे प्रतीक आहे. मत्स्य शेती औद्योगिक विकासाला आधार देते. मत्स्य संवर्धन पद्धतीसाठी अनेक उपकरणे व साहित्याची आवश्यकता असते. मत्स्यशेतीसाठी पॉली बॅग, बीज पॅकिंग बॉक्स, जाळी, फ्लोट, पॅकिंग डबे व इतर रसायने, मत्स्य खाद्य, औषधे, ग्रोथ प्रमोटर, पाणी निर्जंतुक रसायने, एरेटर, आईस बॉक्स, वाहक वाहने, प्रक्रिया साहित्य, मत्स्यालय उपकरणे अशी अनेक उपउत्पादनांची आवशकता असते. या सगळ्याचा परिणाम प्रत्यक्ष किंवा अप्रत्यक्ष औद्योगिक विकास वाढीवर होतो. त्यामुळे मत्स्य शेती साठी लागणारी उपकरणे व साहित्य तयार करण्यासाठी उद्योगाचा प्रत्यक्ष किंवा अप्रत्यक्ष विकास होतो.

## १.३.३.३ मत्स्य पालन व व्यवसाय :

मत्स्य संवर्धनापासून स्वयंपाक घरापर्यंत हजारो लोक प्रत्यक्ष आणि अप्रत्यक्षपणे मत्स्य व्यवसायात गुंतलेले आहेत. जिथे मासे प्रत्येक घरी पोहोचवण्यासाठी अनेक एजन्सींची आवश्यकता असते, यामुळे मत्स्य व्यवसायची वाढ होते. या व्यवसायात घाऊक व किरकोळ पातळीवर मासळीची खरेदी, विक्री आणि प्रकिया केली जाते. अशा प्रकारे या व्यवसायाला चालना मिळते.

## १.३.३.४ मत्स्य शेती आणि रोजगार:

भारतातील बेरोजगारीची समस्या गंभीर आहे. लोकांचे मोठ्या प्रमाणात नोकरीच्या शोधात महानगरांकडे स्थलांतर होत आहे. मत्स्यपालन व्यवसायात

भारतातील तरुणांचा सक्रिय आणि अभ्यासपूर्ण सहभाग करून रोजगार नोर्मितीची मोठी क्षमता आहे.

मत्स्यव्यवसाय अधिकारी, डॉक्टर, संशोधक, व्यवस्थापक, सहाय्यक, तंत्रज्ञ, कामगार, मत्स्य वाहतूकदार ई. म्हणून शिक्षण-संशोधन, मासळी विक्री, मत्स्य फार्म, जाळी निर्मिती, विपणन, मत्स्य पदार्थ आणि उपपदार्थ निर्मिती, मत्स्य प्रक्रिया, मासळी निर्यात, व्यवस्थापन आदी क्षेत्रात रोजगाराच्या मोठ्या संधी उपलब्ध आहेत.

## १.३.३.५ ऑक्वा-उत्पादनांची निर्यात आणि परकीय चलन:

ज्या देशांमध्ये मत्स्य शेतीचा चांगला विकास झालेला नाही किंवा शक्य नाही किंवा आर्थिकदृष्ट्या व्यवहार्य नाही, अशा देशांमधील लोकांची मागणी पूर्ण करण्यासाठी ऑक्वा-उत्पादने आणि उप-उत्पादनांची आवश्यकता असते. या देशांना गोठवलेले मासे, कोळंबी, कोळंबी लोणचे, सुरमी लादी, सुरमी उपपदार्थ, बेडूक पाय, माशांचे कवच, पाण्यातील वनस्पती, मोती, शोभिवंत मासे, औषधी, उपपदार्थ अशी मत्स्योत्पादने व उपउत्पादने मत्स्यशेतीच्या सहाय्याने विविध देशांत निर्यात केली जाऊ शकतात.  तसेच निर्यातीतून देशाला जास्तीत जास्त परकीय चलन मिळले जाते.

## १.३.३.६ मत्स्य पालन, शिक्षण, विस्तार आणि संशोधन:

मत्स्यशेतीतील शिक्षण, संशोधन आणि विस्तारामध्ये रोजगराच्या भरपूर संधी उपलब्ध आहेत. भारतीय कृषी संशोधन परिषद (आयसीएआर) आणि विद्यापीठ अनुदान आयोग (यूजीसी) यांच्या मार्फत भारत सरकारद्वारे सामान्य लोकांना मत्स्यशेती आणि मत्स्यव्यवसायाचे शिक्षण दिले जाते. मत्स्यव्यवसाय

क्षेत्रात रुची असणाऱ्या विद्यार्थ्यांने मत्स्यव्यवसाय व मत्स्यपालन शिक्षणात सक्रीय सहभाग घ्यावा. तसेच शेतकऱ्यांना ही मत्स्यशेतीचे शिक्षण दिले पाहिजे, त्याचा फायदा अधिक मत्स्य उत्पादन वाढून होऊ शकतो. मत्स्यशिक्षण, संशोधन आणि विस्तार क्षेत्रासाठी विशेष अर्थसंकल्प तरतुदी असणेही आवश्यक आहे. मत्स्यव्यवसाय क्षेत्रात विशेषतः मासेमारी, संवर्धन, उपकरणे तंत्रज्ञान, प्लवंग निर्मिती, मत्स्य विकास, मत्स्य खाद्य, औषधे, मत्स्य बीज संकरण इत्यादिमध्ये संशोधन व विकासला अधिक संधी आहेत.

## १.३.३.७ मत्स्य शेती आणि सामाजिक जीवन:

मत्स्यशेतीच्या माध्यमातून या क्षेत्रात पारंपारिकरित्या गुंतलेल्या जाती-जमातीचे सामाजिक उत्थान शक्य आहे. मत्स्यपालन निगडीत शिक्षणाच्या माध्यमातून सामुदायिक लोकसंख्येला प्रशिक्षित करून, सामाजिक उन्नती साधली जाऊ शकते.

वरील सर्व विविध घटकांमुळे मत्स्यशेतीचे महत्व आणि व्याप्ती दिवसेंदिवस वाढत आहे.

# प्रकरण २

# मत्स्य संवर्धनास उपयुक्त मत्स्य प्रजाती

मत्स्य संवर्धन यशस्वी होण्याकरिता जलद वाढ व त्याचबरोबर बाजारात चांगली मागणी असलेल्या मत्स्य जातींची संवर्धनासाठी निवड करणे अत्यावशक आहे. मत्स्य संवर्धनानासाठी उपयोगी मत्स्य जातीचे प्रकार खालील प्रमाणे आहेत.

## २.१ मत्स्य संवर्धनास उपयुक्त मत्स्य प्रजाती:

गोड्या पाण्यातील मत्स्यशेतीसाठी उपयुक्त माश्यांच्या प्रजातीचे  तीन प्रकार आहेत.

## २.१.१ गोड्या पाण्यातील देशी मासे:

भारतीय मूळ असलेले प्रमुख कार्प उदा. कटला (*Catla catla*), रोहू (*Labeo rohita*), आणि मृगल (*Cirrhina mrigala*) हे मासे गोड्या पाण्यातील मत्स्य संवर्धनासाठी उपयोगात आणले जातात.

## २.१.२ खाऱ्या पाण्यातील मासे:

काही खाऱ्या पाण्यातील मासे जसे कि जिताडा हा मासा गोड्या पाण्याशी जुळवून घेऊ शकतो व त्यांचे गोड्या पाण्यातील संवर्धन शक्य आहे.

## २.१.३ विदेशी मासे:

देशाबाहेरून आयात केलेले विदेशी मासे जसे की गवत्या, चंदेरा, कॉमन कार्प, चायनीज कार्प, क्रुशियन कार्प इत्यादी मासे गोड्या पाण्यातील संवर्धनासाठी वापरले जातात.

## २.२ मत्स्य संवर्धनास योग्य मत्स्य प्रजातींचे गुणधर्म:

फायदेशीर मत्स्य पालनासाठी नैसर्गिकरित्या तलावात निर्मित होणारे खाद्य व कृत्रिम खाद्यावर उपजीविका करू शकतील व झपाट्याने वाढून लवकर काढणी योग्य होऊ शकतील अशा माशांच्या प्रजातींची निवड संवर्धनासाठी करणे आवश्यक आहे. खालील गुणधर्म असणाऱ्या माशांच्या प्रजाती मत्स्य संवर्धनसाठी योग्य मानल्या जातात.

१. वाढीचा दर वेगवान असावा.

२. नैसर्गिक आणि कृत्रिम खाद्य खाण्याची क्षमता असावी.

३. रोग प्रतिकार क्षमता चांगली असून रोगांना बळी पडनारी नसावी.

४. खाण्यास चवदार व रुचकर असावी.

५. माशामध्ये उच्च पौष्टिक मूल्य असावे.

६. तलावाच्या पाण्याचे प्रतिकूल हवामान आणि विपरीत भौतिक-रासायनिक परिस्थिती सहन करण्यास क्षमता असावी.

७. कमी प्रमाणात खाद्य खाऊन योग्य वाढ होणारी म्हणजेच कमी FCR (Food Conversion Ratio) असणारी असावी.

८. तलावात इतर प्रजातींसोबत कोणताही अडथळा न करता राहणारी असावी.

९. आहारात शक्यतो शाकाहारी असून विपुल प्रमाणात बीजोत्पादन क्षमता असावी .

१०. कृत्रिम पद्धतीने बीजोत्पादन तंत्र विकसित झाले असावे जेणेकरून उत्तम दर्ज्याचे मत्स्यबीज उपलब्ध होऊ शकते.

११. माशांची काढणी सहज आणि सोपी असावी.

१२. माश्यांच्या हाडा-मांसाचे गुणोत्तर कमी असावे.

१३. तलावामध्ये जास्त संख्येने साठवणुक करण्यास सक्षम असावी.

## २.३ प्रमुख कार्पचे गुण:

माशांच्या कोणत्याही प्रजातीला मत्स्य संवर्धनासाठी आदर्श म्हणता येणार नाही कारण त्यात सर्व इच्छित गुण शक्यतो नसतात. तथापि, प्रमुख कार्प हे मत्स्य संवर्धनासाठी आर्थिकदृष्ट्या सर्वात महत्वाचे मासे आहेत. कटला, रोहू, मृगल यांसारख्या देशी कार्पबरोबरच सिल्व्हर कार्प, ग्रास कार्प आणि कॉमन कार्प यांसारख्या परदेशी कार्पचे संवर्धन केले जाते. मत्स्यपालनाच्या दृष्टीकोनातून प्रमुख कार्पमध्ये खालील गुण आहेत.

१. प्रमुख कार्प फायटो आणि झूप्लँक्टन, कुजत जाणारे तण, कचरा आणि इतर उपलब्ध पाण्यातील वनस्पतींवर आपली उपजीविका करतात.

२. प्रमुख कार्पकडे तुलनेने उच्च तापमान व गढूळ पाणी सहन करण्याची क्षमता असते.

३. पाण्यातील प्राणवायूची चढउतार हे मासे सहन करू शकतात.

४. त्यांचा वाढीचा दर वेगवान असून साधारण एका वर्षात ते एक किलो पर्यंत मोठे होतात.

५. प्रमुख कार्पची मोठ्या प्रमाणात पैदास होत असून कृत्रिम पद्धतीने बीजोत्पादन तंत्र विकसित झाले आहे.

६. या कार्पचे मलमूत्र जास्त असते.

७. हे कार्प खाण्यास रुचकर व पौष्टिक असतात.

८. ह्या कार्पची हाताळणी सोपी असून जाळीने पकडता येते आणि त्यांना एका ठिकाणाहून दुसऱ्या ठिकाणी सहज नेले जाऊ शकते.

## २.४ संवर्धनास उपयुक्त प्रमुख मत्स्य प्रजाती:

संवर्धनास उपयुक्त काही प्रमुख मत्स्य प्रजातीची माहिती थोडक्यात पुढील प्रमाणे आहे.

### २.४.१ देशी प्रजाती:

### २.४.१.१ कटला (*Catla catla*):

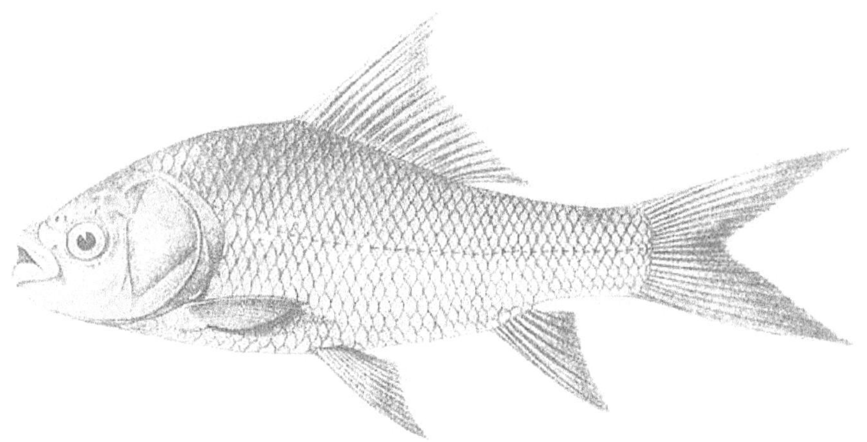

**आकृती २.१: कटला**

कटला माशाचे डोके मोठे आणि रुंद असून डोक्याचा भाग फुगीर असतो. तोंड वरच्या बाजूला वळलेले असल्याने पृष्ठभागाजवळील अन्न खाणे त्याला सोपे जाते. हा मुख्यतः पाण्याच्या पृष्ठभागा जवळ वावणारा मासा असून तो पृष्ठभागाजवळील व पाण्याच्या मधल्या थरातील प्लवंग खातो. या माशांच्या अंगावरील खवले मोठे असतात. त्याच्या शरीरात स्नायूचे प्रमाण जास्त असल्याने मांसल भागहीन जास्त असतो. हा मासा इतर माश्याच्या तुलनेने झपाट्याने वाढतो. एका वर्षात साधारण तो एक ते दीड किलोग्रॅम व ३८ ते ४६ सेंटीमीटर इतका लांब वाढतो. हा मासा तिसऱ्या वर्षी प्रजननक्षम होतो व तो चार फुटा

पर्यंतहि वाढू शकतो. पावसाळ्यातील जून ते ऑगस्ट महिन्यात, नदीच्या वाहत्या पाण्यात या जातीचे प्रजनन शक्य असते.

## २.४.१.२ रोहू (*Labeo rohita*):

**आकृती २.२: रोहू**

रोहू झपाट्याने वाढणारा कार्प प्रजातीतील दुसरा मासा आहे. या माशाचे डोके कटलाच्या तुलनेने थोडे लहान व तोंड अरुंद असते. या माश्याचे तोंड समोर आणि किंचित खालच्या बाजूला वळलेले असते. त्याच्या खालच्या ओठाची किनार जाडसर दातेरी व मऊ असते. वरच्या जबड्यात बाजूला दोन लहान मिश्या असतात. ही प्रजाती मुख्यतः पाण्याच्या मधल्या थरात वावरते व मधल्या थरामधील मिळणारे अन्न खाते. परंतु या माशांच्या पोटात व इतर अन्नमार्गात मोठ्या प्रमाणात चिखल, वनस्पतीचे तुकडे व इतर निरनिराळे खाद्यपदार्थ सापडतात. यावरून तो तलावाच्या तळावरील अन्न खात असल्याची पुष्टी होते. या प्रजातीचे मुख्य अन्न म्हणजे मधल्या थरातील वनस्पती, प्लवंग, चिखलातील सेंद्रिय पदार्थ, पाणवनस्पती इत्यादी होय. पहिल्या वर्षभरात रोहूचे वजन ७०० ते ९०० किलोग्राम होऊन तो साधारण ३४ ते ४० सेंटीमीटर लांब वाढतो. ही

प्रजाती दुसऱ्या वर्षाच्या शेवटी प्रजनन क्षम होऊन साधारण मान्सूनच्या हंगामात वाहत्या नदीच्या पत्रात त्याचे प्रजनन होऊ शकते.

### २.४.१.३ मृगल (*Cirrhinus mrigala*):

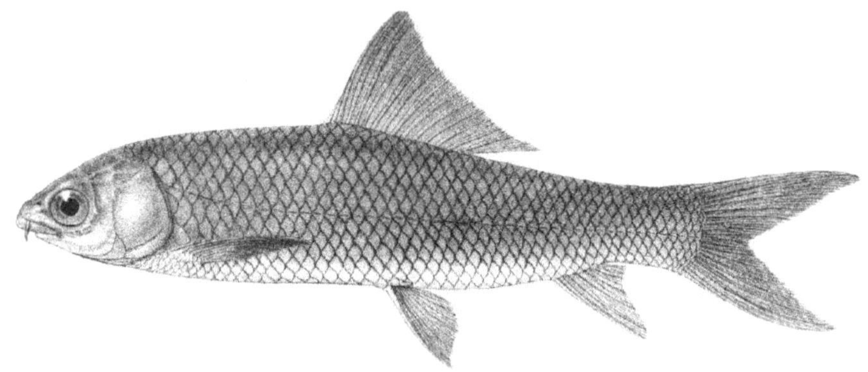

**आकृती २.३: मृगल**

कटला आणि रोहू नंतर मत्स्यशेतीसाठी वापरला जाणारा तिसरा कार्प म्हणजे 'मृगल' होय. या माशयाचे शरीर सडपातळ, डोके लांब व तोंड रुंद असते. त्याचे तोंड खालच्या बाजूला असल्यामुळे त्याला तळाकडचे अन्न खाणे सुलभ जाते. ही प्रजाती तळभागाजवळ वावरते व तळभागातील चिखलात असणारे सेंद्रिय अन्नपदार्थ, वनस्पतीचे तुकडे, शेवाळ हे त्यांचे मुख्य अन्न आहे. या माशयाचा वाढीचा दर कटला आणि रोहुपेक्षा कमी असून वर्षभरात साधारण ६०० ते ७०० ग्राम व २५ ते ३० से.मी. लांब पर्यंत वाढतो. हा मासा दुसऱ्या वर्षाच्या शेवटी प्रजनन सक्षम होऊन पावसाळ्यात वाहत्या नदी पात्रामध्ये त्याचे प्रजनन शक्य आहे.

### २.४.१.४ मरळ (*Channa marulis*):

'मरळ' माशयाचे मूळ दक्षिण आणि आग्रेय आशियातील असून भारतासह, चीन, थायलंड, कंबोडिया आणि पाकिस्तानात आढळतो. हा मासा चवीस्ट असुन बाजारात चांगली मागणी असल्याने अन्नासाठी व गेम फिश म्हणून किंवा पाण्यातील डासांच्या अळ्या आणि कीटकांवर नियंत्रण ठेवण्यासाठी पाळला जातो. 'मरळ' हा मांजरी मासे या प्रवर्गातील असुन याचे डोके सापाप्रमाणे चपटे असते. हा मासा लांबट असून निमुळता असतो. या माशाचे खवले काळपट तपकिरी किंवा हिरवट असतात. पाठीवर लांब एकसंघ पर असतो. या माशयाच्या शेपटीचा पर हा गोलाकार असतो. या माशयाच्या शेपटीकडील परा जवळ गोलाकारा सारखी एक महत्त्वाची खूण असते. या माशयाच्या पोटाकडील भागावर करड्या रंगाचे ५ ते ६ पट्टे असतात.

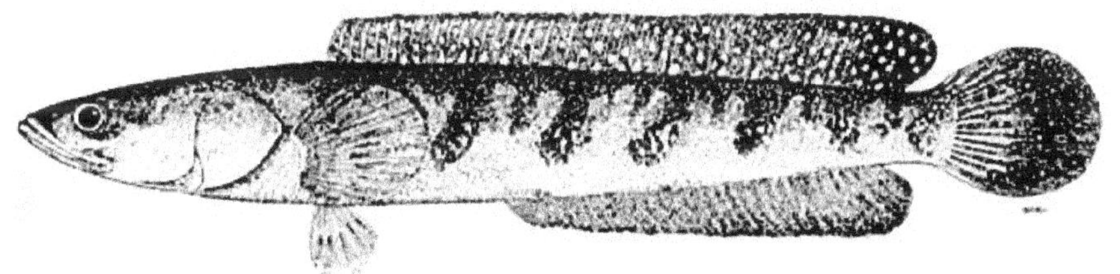

**आकृती २.४: मरळ**

हा मासा भारतातील सर्वच नद्या व तलावांत आढळतो. हा मासा प्रामुख्याने मत्स्यभक्षक आहे. मत्स्यभक्षक असल्याने या माशाचे इतर जातींच्या माशांबरोबर मत्स्यसंवर्धन करीत नाहीत. हा मासा जिवंत आमिष चटकन खाणारा भक्षक आहे. हा जवळजवळ १२० सें.मी. पर्यंत वाढतो. या माशाचे एक प्रजाती संवर्धन केले जाते.

### २.४.१.५ मागूर (*Clarias batrachus*):

'मागूर' हा मूळ दक्षिण आशियातील असून बांगलादेश, भूतान, भारत, मालदीव, नेपाळ, पाकिस्तान, श्रीलंका, अफगाणिस्तानसह, इंडोनेशिया मध्ये आढळतो. 'मागूर' हा मांजरी मासे या प्रवर्गात मोडत असून सहाय्यक श्वासोच्छवास अवयवांचा वापर करून काही काळ पाण्याबाहेर जगू शकतो. पाण्याबाहेर जगू शकत असल्याने ते स्थानिक बाजारात जिवंत विकले जातात. हा मासा स्थलांतर करणारा असून  काही अंतर जमिनीवरून चालू शकतो. हा मासा मांजरी मासे या प्रवर्गातला असल्याने खराब गुवत्तेच्याही पाण्यात राहतो.

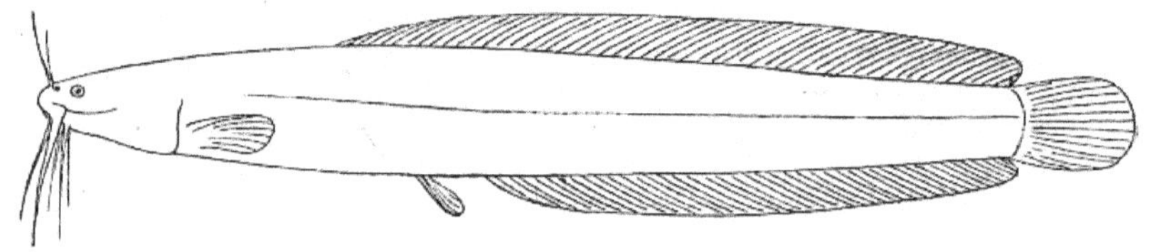

**आकृती २.५: मागूर**

या माशाचे डोके चपटे आणि मोठे असते. या माशाचा रंग हिरवट तांबूस असतो. या माश्याचा जबडा मोठा असतो. या माश्यास, वरच्या जबड्यास चार व खालच्या जबड्यास चार अशा एकूण आठ मिशा असतात. या माश्याचे पाठीवरील पर लांब असून पाठीच्या संपूर्ण लांबी पर्यंत असतो. पाठीवरील पर मात्र शेपटीच्या पराशी जोडलेला नसतो. या माशाच्या अंगावर खवले नसतात. हा मासा भारतातील सर्वच नद्या, तलावात व तसेच दलदलीच्या भागातही आढळतो. हे तलावाच्या तळाशी राहतात व तळावरील किडे, अळ्या, छोटे मासे हे यांचे प्रमुख खाद्य आहे. या माश्याची मादी किनाऱ्याजवळ घरटे तयार करून त्यात अंडी देते. मासेभक्षक असल्याने त्यांचे एक प्रजाती संवर्धन केले जाते.

## २.४.२ विदेशी प्रजाती

## २.४.२.१ चंदेरा मासा (*Hypophthalmichthys molitxix*):

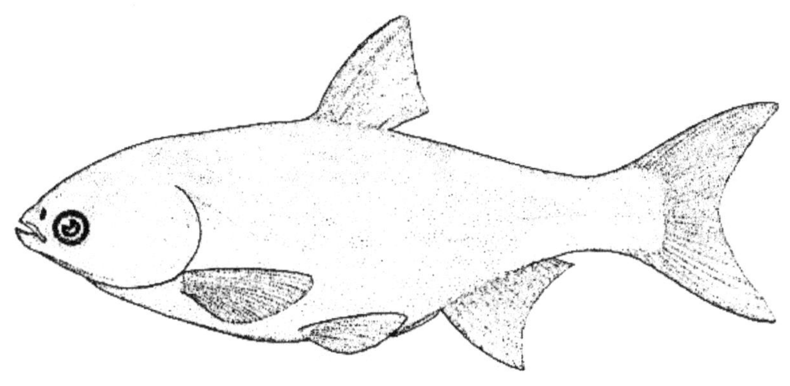

### आकृती २.६: चंदेरा

'चंदेरा' माश्याची शेती गोड्या पाण्यात केली जाते. हा मूळचा चीनचा कार्प आहे. यांची शेती भारत, थायलंड, मलेशिया, जपान, श्रीलंका, पाकिस्तान, नेपाळ, फिलीपिन्स, रशिया, बर्मा, हाँगकाँग, सिंगापूर, इजिप्त इ. देशात केली जाते. या माश्याची खवले लहान चंदेरी असल्याने याला चंदेरा मासा (Silver Carp) असे नाव पडले आहे. याचे डोके व तोंड लहान असून शरीर दंडगोलाकार आहे. हा मासा तलावाच्या पृष्ठभागावरील थरत राहतो व मुख्यतः पाण्याच्या पृष्ठभागावर असलेल्या प्लवंगावर उपजीविका करतो. चंदेरा मासा जलद वाढण्यास सक्षम असून पहिल्या वर्षी ते १.५ ते २ किलो पर्यंत वाढतो आणि दुसऱ्या वर्षाच्या अखेरीस प्रजनन सक्षम होतो.

### २.४.२.२ गवत्या (*Ctenopharyngodon idella*):

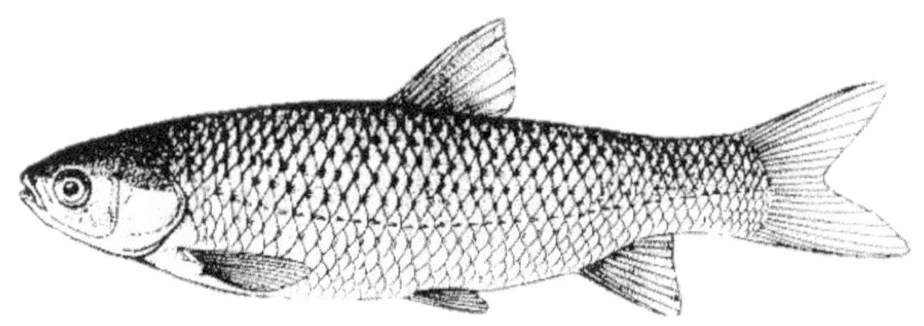

**आकृती २.६: गवत्या**

'गवत्या' हा गोड्या पाण्यातील मत्स्य प्रजाती आहे. या माश्याचे भारत, जपान, रशिया, व्हिएतनाम, थायलंड, मलेशिया, श्रीलंका, बर्मा, हाँगकाँग, फिलीपिन्स, सिंगापूर, हंगेरी, रुमानिया इ. देशामध्ये संवर्धन केले जाते. शरीर दंडगोलाकार आणि लांबलचक आहे. वरचा जबडा खालच्या जबडयापेक्षा थोडा लांब आहे. याचे खवले हे मध्यम आकाराचे असून त्यांचा रंग हलकासा हिरवा असतो. हे मासे मऊ तसेच कठीण पाणवनस्पती खातात. बांधावर वाढणारे गवत देखील गवत्या मासा खातो. तलावातील तण आणि हिरवे गवत खात असल्याने तलावातील गवत कमी करण्यासाठी याचे पालन केले जाते. हे मासे एका वर्षात जास्तीत जास्त १.५ किलो पर्यंत वाढतात आणि दुसऱ्या वर्षाच्या शेवटी प्रजनन सक्षम होतात.

### २.४.२.३ कॉमन कार्प (*Cyprinus carpio*):

'कॉमन कार्प' हे मूळचे चीन आणि रशियाचे आहेत. शरीर मोठे आणि डोके लहान आहे. यांचे खवले मोठे असून संपूर्ण शरीरावर असतात. या माशांचे तोंड खालील बाजूस असते आणि ओठांवर बार्बल्सच्या दोन जोड्या असून या

माशाचे पोट मोठे असते. हे तलावाच्या तळाशी राहतात आणि सर्वभक्षी आहेत. यांचे प्रमुख अन्न प्लवंग, कीटक, अळ्या, मृदुकाय प्राणी, वनस्पती हे होय.

**आकृती २.७: कॉमन कार्प**

हे मासे एका वर्षात १ ते १.५ किलो पर्यंत पोहोचतात आणि दुसऱ्या वर्षी ते २ किलो पेक्षा जास्त वाढतात. इतर कार्पच्या तुलनेत हे मासे सुमारे सहा महिन्यात पुनरुत्पादन करण्यास सक्षम असतात. यांची अंडी चिकट असतात.

## २.४.२.४ तिलापिया (*Oreochromis mossambicus*):

'तिलापिया' मूळचा आफ्रिकेतला असून सर्वच देशामध्ये तो पसरला आहे. या माशास पाण्यातील कोंबडी (Aquatic Chicken) असे ही संबोधले जाते. तिलापियाचे शरीर सपाट व तोंड मोठे असते. या माशाचा पृष्ठपर लांब व शेपटीचा पर गोलाकार असतो. प्रजननाच्या वेळी या माशांचा रंग काळसर होतो व परांच्या कडा गर्द लाल होतात. पाण्यातील तंतुमय वनस्पती व जीवजंतू हे त्याचे प्रमुख खाद्य होय.

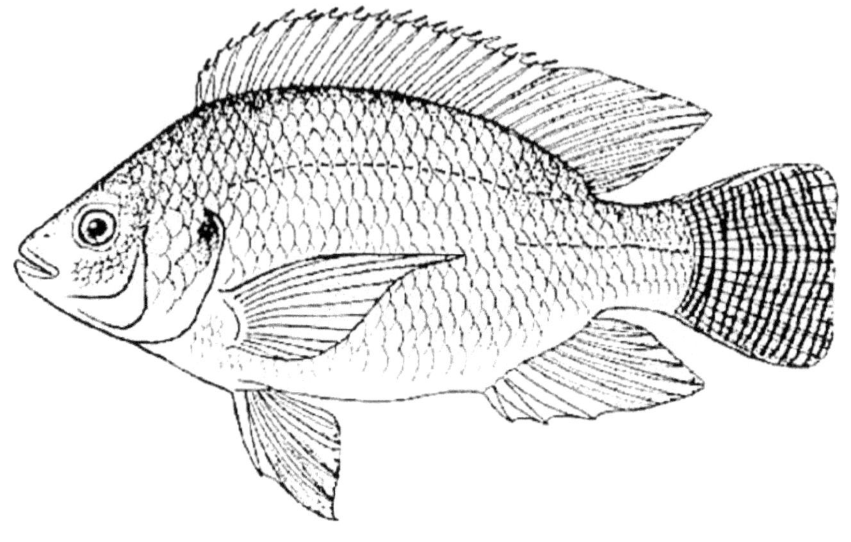

**आकृती २.८: तिलापिया**

हा मासा तीन महिन्यांचा असताना वयात येतो व दर ३ ते ६ आठवड्यांनी वर्षभर अमर्याद पैदास करतो. मादी मासे फलीत झालेली अंडी आपल्या तोंडात ठेवते व तेथेच अंड्यातून पिले बाहेर पडतात. संकटकाळी ही पिले आपल्या आईच्या तोंडाचा आसरा घेतात. या माशाच्या अमर्याद प्रजननामुळे त्याची वाढ प्रत्येक जलाशयात झाली आहे. तसेच हा मासा खराब गुणवत्तेच्या पाण्यातही सक्षमपणे वाढतो आणि यांचा ताण स्थानीक माशावर येतो. म्हणून सध्या या जातीचा वापर मत्स्यशेतीसाठी टाळला जातो.

## २.४.३ कोळंबी

### २.४.३.१ जम्बो कोळंबी (*Macrobrachium rosenbergii*)

'जम्बो कोळंबी' हि इंडो-वेस्ट पॅसिफिक देशांमध्ये, भारत, पाकिस्तान आणि बांगलादेशमध्ये विस्तारित झाली आहे. भारतात हि गोदावरी, कावेरी नदीमध्ये, त्यांच्या उपनद्या मध्ये आणि चिल्का तलावातही आढळते.

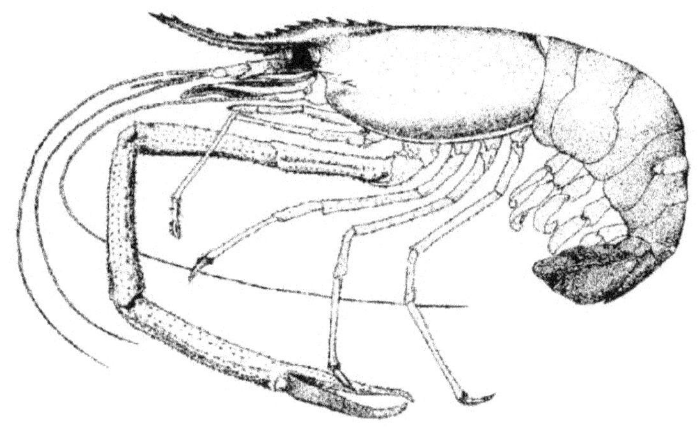

**आकृती २.९: जम्बो कोलंबी**

या कोलंबीचा रोस्ट्रम लांब, सडपातळ आणि किंचित वर असतो. हि कोळंबी सर्वभक्षी असून स्वयंजाती भक्षक सुद्धा असते. 'जम्बो कोळंबी' मध्ये कात टाकते वेळी स्वभक्षण झाल्याने वाईट परिणाम होऊन यांची मरतुक वाढते. ही कोळंबी अंडी उबवण्यासाठी खाऱ्या पाण्याकडे स्थलांतर करते. यांची अंडी देण्याची क्षमता ही १,५०,००० ते ५,००,००० असते. या कोळंबीचा संवर्धन कालावधी हा १८० ते २४० दिवसांच्या दरम्यान असून जगण्याचा दर सुमारे ७५% ते ९० % पर्यंत असतो.

# प्रकरण ३

## मत्स्य संवर्धन पद्धतींचे प्रकार

---

मत्स्य संवर्धन पद्धतीत समाविष्ट असलेल्या विविध पैलू आणि परिस्थितीवर मत्स्य संवर्धन पद्धतींचे अनेक प्रकारे वर्गीकरण केले जाते. मत्स्य संवर्धनासोबत असलेल्या विविध घटकांच्या आधारे काही प्रमुख आणि महत्त्वाचे वर्गीकरण खालीलप्रमाणे आहे.

### ३.१ पाण्याच्या प्रकार/ क्षारतेच्या आधारे मत्स्य संवर्धनाचे प्रकार:

मत्स्यशेतीचे पाण्याच्या प्रकारांवर किंवा क्षारतेच्या आधारे गोड्या पाण्यातील मत्स्यशेती, निमखाऱ्या पाण्यातील मत्स्यशेती, खाऱ्या पाण्यातील मत्स्यशेती आणि अति खाऱ्या पाण्यातील मत्स्यशेती असे होतात.

### ३.१.१ गोड्या पाण्यातील मत्स्यशेती:

शून्य क्षारता असलेल्या गोड्या पाण्यातील मत्स्य व वनस्पतींच्या शेतीला गोड्यापाण्यातील मत्स्यशेती असे म्हणतात.उदा. कटला, रोहू, मृगल, सिल्व्हर कार्प, ग्रास कार्प, कॉमन कार्प व गोड्या पाण्यातील कोळंबी (पोचा कोळंबी) यांची मत्स्यशेती गोड्या जलस्त्रोतांमध्ये जसे की लहान पाणवठे, तळी, जलाशय, तलाव इत्यादीमध्ये केली जाते.

### ३.१.२ निमखाऱ्या पाण्यातील मत्स्यशेती:

निमखारे पाणी हे समुद्राचे पाणी आणि गोड्या पाण्याचे मिश्रण असून त्याची क्षारता ३० पीपीटी पेक्षा कमी असते. किनारपट्टी भागातील नदी,

बॅकवॉटर तलाव, डेल्टा प्रदेशातील झिल, खाडी आणि खारफुटीचे जलाशय हे निमखाऱ्या पाण्याचे स्त्रोत आहेत. व्यावसायिकदृष्ट्या महत्त्वाचे मासे, कोळंबी, खेकडे आणि मृदुकाय यांच्या पंचेवीसहून अधिक प्रजाती निमखाऱ्या पाण्यातील मत्स्यशेतीकरिता वापरतात. उदा.  जिताडा, मुगील प्रजाती, हिलसा,  मिल्क मासा, टायगर झिंगा, व्हानामी झिंगा इ.

### ३.१.३ खाऱ्या पाण्यातील / सागरी मत्स्यशेतीः

समुद्राच्या खाऱ्या पाण्यातील मासे व वनस्पतींच्या मत्स्यशेतीला खाऱ्या पाण्यातील किंवा सागरी मत्स्यशेती म्हणून ओळखली जाते. खाऱ्या पाण्यातील मत्स्य संवर्धनामध्ये व्यावसायिकदृष्ट्या महत्त्वाचे मासे व शेल फिश यांचे संगोपन व पालन समुद्राच्या खुल्या व बंदिस्त भागात, तरंगते पिंजरे, तरफे, पेन, रफ्ट, पोल आणि दोरी वापरून केले जाते. काकई, शिंपले, मोती शिंपले, कालव यांचे संवर्धन रॅक, राफ्ट, दोरी, खांब आणि दोरी वापरून केले जाते. जाळी किंवा रोपच्या साहाय्याने सागरी वनस्पतींचेही (Sea Weed) मोठ्या प्रमाणात समुद्रात संवर्धन केले जाते.

### ३.१.२ अतिखाऱ्या पाण्यातील मत्स्यशेतीः

या मत्स्यशेतीमध्ये मिठागराचा उपयोग मीठ निर्मितीच्या ऑफ सीझनमध्ये मत्स्य संवर्धनासाठी केला जातो. साधारण कोळंबी, आर्टेमिया ईत्यादींची लागवड या अतिक्षारयुक्त मिठागराच्या क्षेत्रात (क्षारता २०० टक्क्यांपेक्षा जास्त) करता येते. आर्टेमिया हे मासे आणि कवचधरी माशासाठी प्रथिने समृद्ध असे जिवंत अन्न म्हणून सुरुवातीला पिल्लांच्या वाढीसाठी मत्स्य

बिजोत्पादन केंद्रात उपयोगी असते. तसेच प्रतिकूल परिस्थितीत तयार झालेल्या आर्टेमियाच्या सुप्त सिस्टला ही चांगली परकीय मागणी व किंमत आहे.

## ३.२ आर्थिक अथवा व्यावसायिक व्यवस्थापनावर / निविष्टांची तीव्रता आणि साठवण घनतेच्या आधारे मत्स्य संवर्धनाचे प्रकार:

आर्थिक अथवा व्यावसायिक व्यवस्थापनावर / निविष्टांची तीव्रता आणि साठवण घनतेच्या आधारे मत्स्य संवर्धनाचे विवध प्रकार खालील प्रमाणे आहेत.

### ३.२.१ व्यापक मत्स्यपालन प्रणाली (Extensive Fish Farming):

व्यापक मत्स्यपालन प्रणाली हा सर्वात कमी व्यवस्थापन केलेला मत्स्य पालनचा प्रकार आहे, ज्यामध्ये माशांची फारशी काळजी घेतली जात नाही. या प्रणाली मध्ये १ ते ५ हेक्टर क्षेत्रफळाच्या मोठ्या तलावांचा वापर मर्यादित मत्स्य साठवण क्षमतेने मस्त पालणासाठी केला जाते. मत्स्य साठवण घनता हि केवळ ५००० मासे / हेक्टर पेक्षा कमी असते. या प्रणालीमध्ये पूरक आहार आणि खते दिली जात नाही. मासे हे केवळ नैसर्गिक अन्नावर अवलंबून असतात. या प्रणालीत माशांचा मरतुक दर जास्त असून उत्पादन क्षमताही (०.५ ते २ टन/हेक्टर) कमी आहे. या शेतीमध्ये श्रम आणि गुंतवणुकीचा खर्च कमी असून सदर प्रणालीमुळे किमान मत्स्य उत्पन्न मिळते.

### ३.२.२ अर्ध-सघन मत्स्यपालन पद्धती (Semi-intensive Fish Farming):

अर्ध-सघन मत्स्य संवर्धन पद्धती अधिक प्रमाणात प्रचलित आहे आणि त्यामध्ये मत्स्य साठवण घनता, १०,००० ते १५,००० मासे / हेक्टर इतकी जास्त असते. या मत्स्यपालन पद्धतीत लहान तलाव ज्यांचे क्षेत्रफळ ०.५ ते १ हेक्टर

आहे अशांचा वापर मत्स्य पालानासाठी केला जातो, जेणेकरून व्यवस्थापन करणे सोपे जाते. या प्रणालीमध्ये पूरक आहारासह खते देऊन नैसर्गिक अन्न विकसित करण्याची काळजी घेतली जाते. तथापि, या प्रणालीत माशांचा मुख्य अन्न स्त्रोत हा नैसर्गिक अन्न आहे. या प्रणालीची उत्पादन क्षमता मध्यम म्हणजे ३ ते १० टन/हेक्टर असून माशांच्या जगण्याचा दरही जास्त असतो.

### ३.२.३ सघन मत्स्यपालन पद्धती (Intensive Fish Farming):

सघन मत्स्यपालन पद्धती हा मत्स्य पालनाचा योग्य व्यवस्थापन केलेला प्रकार आहे, ज्यामध्ये कमीत कमी पाण्यातून माशांचे जास्तीत जास्त उत्पादन मिळविण्यासाठी सर्व प्रयत्न केले जातात. या प्रणालीमध्ये खूप जास्त साठवणूक क्षमतेने मत्स्य पालन केले जाते. या पद्धतीत मासे साठवणूक घनता हि १० ते ५० मासे/घनमीटर पाणी अशी असून लहान तलाव, रेसवे तलाव, कॉन्क्रीट हौद यांचा वापर मत्स्य पालनासाठी केला जाते. माशांना पूर्णपणे पूरक खाद्य दिले जाते व ते नैसर्गिक अन्न स्त्रोतवर कदापी अवलंबून नसतात. अतिपोषण आहाराचा वापर केल्याने माशांची वाढ चांगली होती. या पद्धतीत ठराविक वेळेत पाणी बदलण्याचे तंत्र आणि ऐरेटर यांचा वापर करून पाण्याची गुणवत्ता नियंत्रित केली जाते. या प्रणालीत अधिकतम मत्स्य उत्पन्न, १५ ते १०० टन प्रति हेक्टर किंवा त्याहून अधिक असते. या मत्स्य पालन प्रकारात गुंतवणुकीचा खर्च जास्त असला तरी उत्पादनही जास्त असते. या प्रणालीत मिळणाऱ्या नफ्याचा विमा काढण्यासाठी सर्व आधुनिक तांत्रिक सुविधा, कृत्रिम खाद्य, खते इत्यादी असणे आवश्यक आहे. अशा मत्स्य पालन पद्धतीत कमी वेळेत आणि कमीत कमी पाण्यात जास्तीत जास्त उत्पादन घेण्याचे उद्दिष्ट असते.

## ३.३ साठवणूक केलेल्या प्रजातींच्या संख्येवर आधारित मत्स्य संवर्धनाचे प्रकार:

साठवणूक केलेल्या प्रजातींच्या संख्येवर आधारित मत्स्य संवर्धनाचे प्रकार खालील प्रमाणे आहेत.

### ३.३.१ एक प्रजाती मत्स्य संवर्धन (Monoculture):

एक प्रजाती मत्स्य संवर्धन हि एक मत्स्योत्पादनाची पद्धत असून या प्रणालीमध्ये केवळ एका माशांच्या प्रजातीचे संगोपन केले जाते. एक प्रजाती मत्स्य संवर्धन पद्धतीत पाळल्या जाणाऱ्या प्रमुख माशांच्या जाती म्हणजे ट्राऊट, तिलापिया, कॅटफिश, कार्प, कोळंबी इ. होय. या प्रजाती मोठ्या प्रमाणात उपलब्ध असून बाजार मूल्य ही उच्च आहे. जगभरात या प्रणालीने मस्योत्पादन केले जाते आणि ही एक तंत्रीकदृष्ट्या विकसित पद्धत आहे. या मत्स्य संवर्धनात उत्पादन सुनिश्चित करण्यासाठी पूरक आहार देणे बंधनकारक असते.

### ३.३.२ बहुप्रजाती मत्स्य संवर्धन (Polyculture):

बहुप्रजाती मत्स्य संवर्धनाला संमिश्र मत्स्य संवर्धन असेही म्हणतात. बहुप्रजाती मत्स्य संवर्धन प्रकारामध्ये दोन किंवा त्यापेक्षा जास्त वेगवेगळ्या माशांच्या प्रजातिचे संवर्धन केले जाते. इतर पूरक मासे, कोळंबी किंवा कोळंबी सारख्या इतर काही जलचर प्राण्यांसह मत्स्य शेती केली जाते. या व्यवस्थेत वेगवेगळे अधिवास आणि वेगवेगळ्या खाद्य आवडी निवडी असलेल्या माश्यांच्या प्रजाती अनुकुल घनतेने एकत्रित साठवणूक केल्या जातात आणि त्यांची अन्न किंवा जागेसाठी एकमेकांशी जवळजवळ स्पर्धाच नसते. गोड्या पाण्यातील कार्प व कोळंबीची मत्स्य शेती करून जास्त उत्पादन घेतले जात आहे.

**बहुप्रजाती मत्स्य संवर्धनाचे जैविक तत्व:**

भारतीय बहुप्रजाती मत्स्य संवर्धनामध्ये कटला, रोहू, मृगल, गवत्या, चंदेरा आणि कॉमन कार्प या सामान्य माशांच्या प्रजातींचा शेतीसाठी उपयोग केला जातो. बहुप्रजाती मत्स्य संवर्धनाचा  जैविक आधार म्हणजे वेगवेगळ्या माशांच्या प्रजाती ज्यांच्या खाण्याच्या सवई वेग वेगळ्या असून अधिवासही वेगळा असतो. अशा मत्स्य प्रजाती एकाच तलावात एकत्र वाढतात. बहुप्रजाती मत्स्य संवर्धनासाठी दोन किंवा अनेक मत्स्य प्रजाती एकत्रितपणे असल्याने त्यांचे गुणधर्म खालीलप्रमाणे असावेत-

➤ प्रजातीचे खाद्य आणि सवयी मध्ये भिन्नता असणे आवश्यक आहे जेणेकरून त्यांची  एकमेकाशी अन्नासाठी स्पर्धा नसावी.

➤ त्यांनी तलावातील वेगवेगळे स्तर व्यापले पाहिजेत जेणेकरून त्यांची अधिवासा साठी स्पर्धा नसावी.

➤ सर्व प्रजाती एकाच वेळी काढणी योग्य होऊन त्यांचे एकाच वेळी विपणन शक्य होईल.

➤ प्रजाती वर्तनास हिंसक नसून एकमेकासोबत त्रास न देता एकत्र राहिल्या पाहिजे.

## ३.३.३ एकलिंगी मत्स्य संवर्धन (Monosex culture):

एकलिंगी मत्स्य संवर्धनात एकतर नर किंवा मादी माशांचे मत्स्य संवर्धन केले जाते. एकलिंगी मत्स्य संवर्धनाचा फायदा म्हणजे माशांची सर्व ऊर्जा पुनरुत्पादनाऐवजी वाढीसाठी वापरली जाते. तसेच काही माश्यांचा एकतर नर किंवा मादी जास्त प्रमाणात वाढतात आणि जास्त वाढणारे लिंग मत्स्य

संवर्धनासाठी उपयोगात आणले जाते. जेणेकरून अधिकतम उत्पन्न मिळते. उदा. नर तिलापियाचा वापर बर्‍याचदा एकलिंगी मत्स्य संवर्धनासाठी केला जातो कारण नर टिलापिया मादी टिलापिया पेक्षा जलद वाढतात आणि आकारानेही मोठे होतात.

## ३.४. हवामानावर आधारित मत्स्य संवर्धनाचे प्रकार:

हवामानावर आधारित मत्स्य संवर्धनाचे प्रकार खालील प्रमाणे आहेत.

## ३.४.१ थंड पाण्यातील मत्स्य संवर्धन:

सरासरी समुद्र सपाटीपासून ९१४ मीटर उंचीवर असलेल्या तलाव, तळी, जलाशय किंवा ओढे यांच्या पाण्याचे तापमान जर ० ते २०° से. या श्रेणीत असते. अश्या थंड जलस्त्रोत अवलंबिली जाणारी पद्धत म्हणजे थंड पाण्यातील मत्स्य संवर्धन होय.

## ३.४.२ उष्ण पाण्यातील मत्स्य संवर्धन:

उष्ण कटिबंधातील उबदार जलस्त्रोतांमध्ये जिथे पाण्याचे तापमान २०° से. किंवा त्यापेक्षा जास्त असते, अश्या पाण्यात अवलंबिली जाणारी मत्स्यशेती म्हणजे उष्ण पाण्यातील मत्स्य संवर्धन होय.

## ३.५ वापरण्यात येणाऱ्या जलाशय किंवा अंतर्भूतीत प्रकारानुसार मत्स्य संवर्धनाचे प्रकार:

मत्स्यपालनासाठी वापरण्यात येणाऱ्या वेगवेगळ्या माश्यांना बंदिस्त करण्याच्या डिझाइनवर आधारित मत्स्य संवर्धनाचे प्रकार जसे कि तलावातील

शेती, धरणातील शेती, पिंजरा व पेन पद्धत इत्यादी असून त्यांची थोडक्यात माहिती पुढील प्रमाणे दिली आहे.

### ३.५.१ तलावातील मत्स्यशेती:

ही मत्स्य संवर्धनाची सर्वसामान्य पद्धत आहे. तलाव हे अगदी लहान आणि उथळ पाण्याचे जलस्त्रोत आहेत. तलावामध्ये पाण्याचे प्रवाह नसून साचलेले स्थीर पाणी असते. अशा तलावात वाऱ्यामुळे पृष्ठभागावर पाण्याची हालचाल/लाटा निर्माण होऊन पाण्यामध्ये प्राणवायू विरघळा जातो. काही मानवनिर्मित बंदिस्त तळी किंवा तलावात बांध बांधून पाणी रोखले जाते. तलाव सहसा पाऊस, कालव्याच्या पाण्याने आणि मानवनिर्मित बोअरच्या पाण्याने भरले जातात. अशा तळी, तलावात माश्यांची साठवणूक करून त्यांची वाढ केली जाते. भौगोलिक परीस्थितीनुसार तलावांचा आकार भिन्न असून पाणी आणि मातीच्या गुणधर्मांतही मोठ्या प्रमाणात फरक असतो. तलावातील मत्स्य संवर्धन ' प्रकरण ५' मध्ये तपशीलवार सांगितले आहे.

### ३.५.२ पिंजरा मत्स्य संवर्धन (Cage culture):

मत्स्य पालणासाठी गेल्या काही वर्षांपासून पिंजरा मत्स्य संवर्धन संकल्पना पुढे आली आहे. बंदिस्त पिंजरा पद्धतीने मत्स्य संवर्धन करणे ही उच्चतंत्रज्ञानावर आधारीत आधुनिक पद्धत असून, त्याद्वारे अधिक मत्स्योत्पादन मिळू शकते. पिंजरा पद्धतीत मत्स्य पालन तुलनेने खूप सोपे आणि पालन करण्याच्या दृष्टीने खूप महत्वाचे आहे.

पिंजरा हा जाळ्याच्या साह्याने बंदिस्त केलेली पाण्यातील जागा आहे ज्यामध्ये मासे हे मोठे होण्यासाठी साठवणूक केले जातात. पिंजरा मत्स्य

संवर्धनामध्ये मासे हे तरंगत्या पिंजऱ्यामध्ये ठेवले जातात. साधारण पिंजऱ्याचा आकार हा सोईनुसार वर्तुळाकार, चौरस किंवा आयताकृती असतो. पिंजरा चारीही बाजूसोबत खालच्या भागात देखील लहान मेषच्या जाळ्यानी बंदिस्त केलेला असतो. जेणेकरून माश्यांना पिंजऱ्या बाहेर जाता येत नाही. तसेच आसपासचा इतर पाण्यातील वनस्पतीचा कचरा देखील पिंजऱ्या मध्ये दाखल होत नाही. अशा जाळ्याच्या साह्याने बंदिस्त केलेल्या पिंजऱ्यामध्ये पाण्याच्या प्रवाहाने फक्त पाणी आणि त्यासोबत माश्याचे खाद्य, प्लवंग पिंजऱ्या मध्ये येते व तसेच पिंजऱ्यातील माश्याची विष्ठा, शिल्लक पूरक खाद्य बाहेर टाकले जाते. अशा रीतीने या संवर्धनामध्ये माश्यांचे व्यवस्थित नियोजन करणे सोपे जाते.

ज्या पाण्याचा निचरा होऊ शकत नाही, अशा मोठ्या जलक्षेत्रात पिंजरा मत्स्य संवर्धन सहज पणे केले जाऊ शकते. तलाव, मोठे जलाशय, धरणे, समुद्र इत्यादी मध्ये पिंजऱ्यातील मत्स्य संवर्धन ही अभिनव संकल्पना आहे. पिंजरा मत्स्य संवर्धन हे मासे आणि इतर जलचरांच्या संवर्धनासाठी अनेक देशांमध्ये लोकप्रिय आहे.

आकृती ३.१: पिंजरा मत्स्य संवर्धन

जपान, दक्षिण कोरिया, चीन, फिलिपाईन्स, थायलंड, मलेशिया, जर्मनी, नॉर्वे, अमेरिका अशा काही देशांमध्ये पिंजरा मत्स्य संवर्धन पद्धत चांगली विकसित झाली आहे. पिंजरा मत्स्य संवर्धनामध्ये माशांच्या जवळजवळ व्यावसायिकदृष्ट्या महत्त्वाच्या प्रत्येक प्रजातीचे संवर्धन केले जाऊ शकते. सामाजिक, आर्थिक, पर्यावरणीय आणि तांत्रिक उपयुक्ततेनुसार कार्प, तिलापिया, ट्राऊट, कॅटफिश, जिताडा इत्यादी माश्यांचे संवर्धन केले जाते.

### ३.५.२.१ पिंजरा मत्स्य संवर्धनाचे फायदे :

१. अस्तित्वात असलेल्या जलस्त्रोतांचा मत्स्य संवर्धनासाठी वापर केला जाऊ शकतो.

२. तांत्रिक पद्धतीने आधुनिक मत्स्यशेती उभारता येते व विस्तारताही येते.

३. जमिनीवर आधारित मत्स्य शेतीच्या तुलनेत भांडवली खर्च कमी आहे.

४. तलाव मत्स्य संवर्धनाच्या तुलनेत सुलभ व्यवस्थापन करता येते

५. अंतर्देशीय मत्स्य पालनास अनुकूल असून मासे उत्पादन करण्यासाठी, कमाई वाढविण्यासाठी, नवीन कौशल्य विकसित करण्यासाठी संधी निर्माण करते.

६. पिंजरा पद्धतीने मत्स्य संवर्धन प्रकल्प स्थापित करुन रोजगार निर्मिती व मत्स्य उत्पादनात वाढ होते.

### ३.५.२.२ पिंजरा मत्स्य संवर्धनाचे तोटे:

१. माश्यांवर जलस्त्रोतातील पाण्याच्या गुणवत्तेच्या प्रभाव पडतो व तो अनियंत्रित असतो. जसे कि अति प्लवंगाची निर्मिती, प्रांणवूयुची कमतरता, रोगकारक जीवाणू ई.

२. मासे हे पाण्यातील मासे खाणाऱ्या भक्षकांना बळी पडू शकतात.

३. माश्यांच्या वाढीवर वातावरणातील तापमानाचा लक्षणीय परिणाम होतो

### ३.५.३ पेन संवर्धन:

तळा शिवाय सर्व बाजूंनी बंदिस्त केलेल्या पाण्यामध्ये मासे वाढवणे म्हणजे पेन संवर्धन होय. या मध्ये कमीतकमी एका बाजूने पाण्याचे मुक्त अभिसरण होत. ही प्रणाली तलावातील संवर्धन आणि पिंजरा संवर्धन यांची संकरित प्रणाली मानली जाऊ शकते. सरोवरांच्या किंवा मोठ्या तलावाच्या किनाऱ्यालगत आणि किनाऱ्या जवळील उथळ पाण्याच्या प्रदेशात जाळी, बांबू आणि लाकडी सामग्री यांचा वापर करुन पेन घेरा तयार केला जाते. पेनमध्ये तलावाचा तळ हा पेनचा तळ असतो. माशांसाठी नैसर्गिक अन्न म्हणून ओळखले जाणारे तळा जवळील प्राणी असण्याचा फायदा पेन संवर्धनामध्ये होतो. पेन संवर्धनात तलावा प्रमाणे बहुप्रजाती मत्स्य पालन केले जाऊ शकते. पेन मधील वातावरणाचे वैशिष्ट्य म्हणजे बंदिस्त जलस्त्रोताबरोबर पाण्याची मुक्त देवाणघेवाण होत असल्याने विरघळलेले ऑक्सिजन विपुल प्रमाणात असते .

### ३.५.३.१ पेन संवर्धनाचे फायदे:

१. **उपलब्ध जागेचा सखोल वापर:** पेन संवर्धनामध्ये तलाव मत्स्य शेतीच्या तुलनेत साठवणुकीची घनता वाढवता येते.

२. **भक्षकांपासून सुरक्षा:** पेन आवारातील भक्षकांना वेगळे करून माश्यांचे रक्षण केले जाते. मोठ्या पेनमध्ये हे जरी अधिक अवघड असेल तरी लहान पेनमध्ये तितक्याच कार्यक्षमतेने भक्षकांपासून रक्षण केले जाऊ शकते.

३. **अनेक वैशिष्टपूर्ण प्रजातींच्या संवर्धनासाठी उपयुक्तता:** पेन संवर्धनामध्ये अधिक जागेची उपलब्धता व नैसर्गिक जलव्यवस्था असल्याने अनेक वैशिष्टपूर्ण मत्स्य प्रजातिचे संवर्धन केलें जाऊ शकते.

४. **काढणीची सुलभता :** मोठ्या पेनमध्ये माश्यांची काढणी पिंजरे संवर्धना इतकी सोपी नसली तरी नैसर्गिक पाण्यापेक्षा ते अधिक नियंत्रित आणि सोपीही असते.

५. **आकार आणि अर्थव्यवस्थेची लवचिकता:** पेन संवर्धनाची पिंजरा संवर्धनाशी तुलना केल्यास पेन हे कमी खर्चात पिंजऱ्यांपेक्षा खूप मोठे करता येते.

६. **नैसर्गिक अन्नाची उपलब्धता व तळाशी साहित्याची देवाणघेवाण:** पेनाचा तळ हा नैसर्गिक तळ असल्याने पेन संवर्धनामध्ये माश्यांना तळापासून नैसर्गिक अन्न मिळू शकते व इतर जैविक घटकांची सुद्धा देवाणघेवाण शक्य असते.

## ३.५.३.२ पेन संवर्धनाचे तोटे:

१. **प्राणवायू आणि पाणी प्रवाह:** ऑक्सिजन आणि पाण्याचा प्रवाह ची मागणी ही पेन संवर्धनामध्ये जास्त आहे.

२. **पूरक खाद्य:** साठवणूक घनता जास्त असल्यने मासे हे नैर्गिक तसेच कृत्रिम/ पूरक खाद्य आहारावर अवलंबून असतात.

३. **अन्नाचे नुकसान :** खाद्याचा न खाल्लेला काही भाग प्रवाहासोबत वाहून जाण्याची शक्यता असते.

४. **प्रदूषण:** मोठ्या प्रमाणात माशांचे संगोपन होत असल्याने त्या भागात मोठ्या प्रमाणात खाद्य, मलमूत्र जमा होते. अशा भागात बीओडी,

अमोनिया आणि इतर उत्सर्जित पदार्थांचे प्रमाण वाढते. यांचा पुनर्वापर किंवा काढून टाकले नाही तर पाणी प्रदूषित होऊन रोगसुद्धा उद्भवतात आणि आर्थिक नुकसान होते.

५. **रोगांचा झपाट्याने प्रसार:** बंदिस्त क्षेत्रात साठवणुकीची घनता जास्त असल्याने कुठलाही रोग लवकर पसरतो आणि मरतुक होऊन उत्पादनात घट होऊ शकते.

६. **चोरीचा धोका:** मासे बंदिस्त जागेत ठेवल्यामुळे नैसर्गिक पाण्यापेक्षा पकडण्यास सोपे असल्याने वारंवार चोरी होऊ शकते.

७. **नैसर्गिक पाण्याच्या बहुविध वापराशी संघर्ष :** ज्या ठिकाणी पेन बांधले जाते, त्या ठिकाणी पाण्याचा वापर सिंचन आणि पोहणे, नौकाविहार यांसारख्या करमणुकीच्या उपक्रमांसाठी मज्जाव होऊ शकतो.

### ३.५.४ जलाशयातील मत्स्य संवर्धन (Reservoir culture):

भारतात मोठ्या प्रमाणात मत्स्य पालणासाठी जलाशयाचे अनेक नैसर्गिक स्त्रोत असून त्यांची उत्पादन क्षमता प्रचंड आहे. त्यात जलाशय, सरोवरचाही वाटा लक्षणीय आहे. मानवनिर्मित जलाशयांमध्ये ३.० दशलक्ष हेक्टर पेक्षा जास्त पाणी पसरलेले असून ते माशांच्या वाढीसाठी अनुकूल आहेत. जलाशयाचे (Reservoir) वर्गीकरण पाणी पसरण्याचे क्षेत्र आणि पाणी धरून ठेवण्याच्या क्षमतेच्या आधारे केले जाते. जलाशयांचे वर्गीकरण मोठे जलाशय हे ५००० हेक्टर पेक्षा जास्त,  मध्यम जलाशय हे १००१ ते ५००० हेक्टर, आणि लहान जलाशय हे १००० हेक्टर पेक्षा कमी असते.  भारतात ११,४०,२६८ हेक्टर क्षेत्रफळ असलेले ५६ मोठे जलाशय, ५,२७,५४१ हेक्टर क्षेत्रफळ असलेले १८० मध्यम जलाशय आणि १४,८५,५५७ हेक्टर क्षेत्रफळ असलेले १९,१३४ छोटे

जलाशय आहेत. जलाशय हे मोठ्या प्रमाणात तामिळनाडू, कर्नाटक, आंध्र प्रदेश, केरळ, ओडिशा, गुजरात आणि महाराष्ट्र राज्यांमध्ये विस्तरीत झालेले अहेत.

जलाशयाच्या उत्पादकतेवर हवामान जसे कि तापमान, ऊन, वारा, पाऊस याचबरोबर मॉर्फोमेट्रिक आणि भौगोलिक वैशिष्ट्यांचा प्रभाव पडतो. या व्यतिरिक्त, जलाशयातील पाण्याचा प्रवाह आणि पोषक तत्वे जलाशयास समृद्ध होण्यास हातभार लावतात. वारा संपूर्ण पाण्यात समान तापमान राखण्यास मदत करतो आणि सामान्यत: पावसाळ्यापूर्वी आणि पावसाळ्यात हे प्रमाण जास्त असते. मोठ्या जलाशयाची उत्पादकता कमी असते, कारण पोषक तत्व तळाशी बुडून असल्याने प्रकाश संश्लेषण झोनमध्ये उपलब्ध होत नाहीत.

जलाशयांची सरासरी मत्स्योत्पादन क्षमता हेक्टरी २५० किलो असून लहान जलाशयात सरासरी मत्स्योत्पादन ४९.९ किलो प्रति हेक्टर, मध्यम जलाशय १२.३ किलो/हेक्टर आणि मोठे जलाशयात ११.४३ किलो/हेक्टर आहे. देशाचे सरासरी जलाशय उत्पादन २० किलो/ हेक्टर आहे.

मध्यम व मोठ्या जलाशयात प्रामुख्याने मासेमारी केली जाते. त्यापैकी अनेकांमध्ये जरी मत्स्य बिजाची साठवणूक केली तरी मासेमारीत बऱ्याच अंशी नैसर्गिक इतरही मासे मिळतात. याउलट, लहान जलाशयांचे व्यवस्थापन हे संवर्धन-आधारित मासेमारी असल्याने या जलाशयातून मिळणारे मासे हे साठवणूक केलेल्या प्रजातीवर अवलंबून असतात. भारतातील ७० टक्क्यांहून अधिक लघु जलाशय हे सिंचनासाठी, ओढ्याचे पाणी साठविण्यासाठी निर्माण करण्यात आलेले लघु प्रकल्प आहेत. उन्हाळ्यात एकतर ते पूर्णपणे कोरडे पडतात किंवा फारच कमी पाणी साठवून ठेवतात. त्यामुळे छोट्या जलाशयांसाठी संवर्धन आधारित मासेमारी हा सर्वात योग्य व्यवस्थापन पर्याय

आहे. संवर्धन आधारित मासेमारीचे प्रमुख व्यवस्थापन म्हणजे प्रजातींची निवड, साठवणूक, साठवणूक दर आणि पर्यावरण वृद्धी होय. आज, भारतातील लहान जलाशयामधील संवर्धन आधारित मासेमारीमध्ये भारतीय प्रमुख कार्पच्या तीन प्रजातींचा प्रभाव आहे कारण त्यांचा वाढीचा दर, चव, नैसर्गिक आणि संकरीत पूरक खाद्य स्वीकारण्याची वृत्ती, बीज उपलब्धता व बाजारातील दर होय. जलाशयात व्यावसायिकदृष्ट्या भारतीय प्रमुख कार्प सोबत इतर कार्प, कोळंबी व अनेक परदेशी मत्स्य प्रजाती जसे कि तिलापिया, कॉमन कार्प, सिल्व्हर कार्प, ग्रास कार्प इत्यादींची ही साठवणुक केली जाते.

### ३.५.५ रेसवे मत्स्य संवर्धनः

रेसवे मत्स्य संवर्धनची व्याख्या वाहत्या पाण्यात मासे वाढविणे अशी केली जाते. रेसवेला फ्लो-थ्रू सिस्टीम म्हणूनही ओळखले जाते. ही एक उच्च उत्पादन मत्स्य संवर्धनची प्रणाली आहे, ज्यामध्ये मासे जास्त घनतेने साठणूक करून वाढीवले जातात. माशांच्या अधिक संख्येचे संगोपन सक्षम करण्यासाठी वाहत्या पाण्यात (Flow Through) या प्रणालीची रचना केली गेली आहे. रेसवेमध्ये सामान्यतः आयताकृती काँक्रीटचे बांधलेले आणि इनलेट, आउटलेटसह सुसज्ज असलेले कालवे असतात. रेसवे संवर्धनचे सविस्तर विवेचन प्रकरण ५ मध्ये केले आहे.

रेसवे तलाव मुळात दोन प्रकारचे असतात:

### ३.५.५.१ रेषेतील रेसवे प्रकार (Linear type Raceway):

रेषेतील रेसवे प्रकारात एका रेषेत क्रमवार मांडलेले तलाव असतात. यात प्रत्येक तलावात शिरणाऱ्या पाण्याचे प्रमाण जास्त असून तेच पाणी वारंवार एका तलावातून लगतच्या दुसऱ्या तलावात वापरले जाते. त्यामुळे सुरुवातीच्या

तलावांमध्ये रोगराईचा प्रादुर्भाव झाल्यास त्याचा थेट परिणाम इतर जोडलेल्या तलावांवर होऊ शकतो.

### ३.५.५.२ बाजूकडील रेसवे प्रकार (Lateral type Raceway):

बाजूकडील रेसवे प्रकारात तलाव समांतर पद्धतीने वसवलेले असतात. या समांतर प्रकारात प्रत्येक तलावात प्रवेश करणाऱ्या पाण्याचे प्रमाण कमी असते परंतु नवीन पाण्याचा पुरवठा नेहमीच सुनिश्चित केला जातो. या रेसवे प्रकारात रोगाचे संक्रमण एका तलावातून दुसऱ्या तलावात होत नाही.

### ३.५.६ विविध शेती एकत्रीकरण करण्याच्या आधारे मत्स्यशेतीचे प्रकार :

विविध शेती एकत्रीकरण करण्याच्या आधारे मत्स्यशेतीचे प्रकार मुख्यता कृषी सह मत्स्यशेती व पशुसंवर्धन सह मत्स्यशेती होय.

आकृती ३.२: एकात्मिक मत्स्य शेती- १. कृषी सह मत्स्यशेती, २. पशुसंवर्धन सह मत्स्यशेती

### ३.५.६.१ कृषी सह मत्स्यशेती :

या एकात्मिक मत्स्यशेती पद्धतीत भात, केळी, नारळ या कृषी पिकांसोबत मत्स्य संवर्धनाची सांगड घातली जाते, त्यामुळे मत्स्य व कृषी पिकांचे उत्पन्न होते. कृषीआधारित एकात्मिक प्रणालींमध्ये भात-मासे एकत्रीकरण, फलोत्पादन-मत्स्य शेती, मशरूम-मत्स्य व रेशीम-मासे एकात्मिक शेती यांचा समावेश आहे.

### ३.५.६.१.१ भात-मासे एकात्मिक शेती:

या शेती पद्धतीत भाताच्या शेतात माशांचे पालन केले जाते. भाताच्या सर्वच जाती या एकात्मिक मत्स्यशेतीसाठी योग्य नसतात. तुळशी, पाणीधन, सीआर २६०, ७७, एडीटी ६, एडीटी ७, राजराजन व पटुंबी १५ व १६ या सारख्या भक्कम मुळप्रणाली असलेल्या वाणांची निवड केली जाते. या भात वाणांची मुळं पुराच्या परिस्थितीला तोंड देण्यासाठी मजबूत असल्याने माशांच्या सोबत शेती साठी योग्य आहेत. कॉमन कार्प, तिलापिया आणि मरळ या माशांच्या प्रजाती भाताच्या शेतात संवर्धनासाठी सर्वात योग्य आहेत. भात-मासे एकात्मिक संवर्धनचे सविस्तर विवेचन प्रकरण ५ मध्ये केले आहे.

### ३.५.६.१.२ फलोत्पादन-मत्स्य एकात्मिक शेती:

तलावांच्या बांधाचा व लगतच्या परिसरातील जमिनीचा उपयोग उत्तम प्रकारे फळबागायती पिकांसाठी होऊ शकतो. तलावांच्या वरच्या, आतील व बाहेरच्या बाजूस नारळ, आंबा व केळी या फळजातीची लागवड करता येते. तसेच, या जमिनीचा अननस, आले, हळद व मिरची लागवडीसाठी वापर करता येतो. तव्ल्यातील सेंद्रिय खतानी समृद्ध असलेले पाणी या फळ झाडांना व पिकांना दिले जाऊ शकते. लागवड केलेल्या भाज्यांचे अवशेष माशांच्या तलावात खाद्य

म्हणून पुनर्वापर केले जाऊ शकते, विशेषत: जेव्हा गवत्या कार्पसारख्या माशांचा साठा केला जातो.

### ३.५.६.१.३ मशरूम-मासे एकात्मिक शेती :

मशरूमच्या लागवडीसाठी जास्त प्रमाणात आर्द्रता लागते आणि त्यामुळे मत्स्यशेतीबरोबरच मशरूम लागवडीला प्रचंड वाव आहे. ऑगारीकस, व्होलोरिएला आणि प्लुरोटस ह्या मशरूमचे वाण भारतातील व्यावसायिकदृष्ट्या महत्वाचे आहेत.

### ३.५.६.१.४ रेशीम-मासे एकात्मिक शेती :

या शेती पद्धतीत माशांबरोबरच रेशीम अळीचे संवर्धन केले जाते. येथे तयार होणारी तुतीची पाने प्रामुख्याने रेशीम अळीद्वारे खाल्ली जातात व रेशीम किडीची विष्ठा माशांच्या तलावात नैसर्गिक अन्न, जंतू व जिवाणूंच्या वाढीसाठी मत्स्य तलावात वापरली जाते.

### ३.५.६.२ पशुसंवर्धन सह मत्स्यशेती:

पशुधना सोबत एकात्मिक मत्स्यपालन पद्धतीत गुरे-मासे, डुक्कर-मासे, कोंबडी- मासे, बदक-मासे, शेळी-मासे, ससा-मासे अशा एकात्मिक मत्स्यपालन प्रणालींचा समावेश आहे. या एकात्मिक शेतीत बदक, शेळी, डुक्कर व गुरांचे मलमूत्र थेट तलावात वापरून प्लवंग उत्पादन वाढविले जाते किंवा माशांसाठी थेट अन्न म्हणून ते काम करते. प्लवंगही माश्यांचे अन्न आहे. त्यामुळे रासायनिक खते व पूरक आहारावर होणारा खर्च पूर्णपणे टाळला जात असल्याने मत्स्य तलावांसाठी होणारा उत्पादन खर्च कमी होतो.

### ३.५.६.२.१ गुरे-मासे एकात्मिक शेती :

जगभरातील मत्स्यतलावांमध्ये शेण हे सर्वाधिक वापरले जाणारे खत आहे. निरोगी गाय वर्षाला चार ते पाच हजार किलो शेणखत, साडेतीन ते चार हजार लिटर मूत्र उत्सर्जित करते. साधारण एक हेक्टर तलावासाठी ५ ते ६ गायी पुरेसे खत देऊ शकतात. गुरांपासून ९,००० लिटर दुध प्रति वर्ष अतिरिक्त उत्पन्न मिळते तर मत्स्योत्पादनातून ३,००० ते ४,००० किलो मासे/हेक्टर/वर्ष मिळतात.

### ३.५.६.२.२ डुक्कर-मासे एकात्मिक शेती :

या शेती पद्धतीत एक हेक्टर क्षेत्राच्या मत्स्यतलावाला खत देण्यासाठी ६० ते १०० डुक्कर पुरेसे असतात. एका डुकरासाठी ३-४ चौरस मीटर जागेची आवश्यक असते. एक हेक्टर मत्स्यतलावास एक वर्षासाठी पाच टन डुक्कर खत लागते. डुकरांना स्वयंपाक घरातील कचरा, पाणवनस्पती आणि पिकांचा उर्वरित भाग अन्न म्हणून दिला जातो. ३० ते ३५ डुकरांपासून निर्माण होणारे खत हे एक टन अमोनियम सल्फेटएवढे असते. डुकरांच्या व्हाईट यॉर्कशायर, लँडरेस आणि हॅम्पशायर सारख्या परदेशी जाती या शेती पद्धतीत पाळल्या जातात. डुकरांसह एकात्मिक मत्स्यशेतीसाठी ग्रास कार्प, सिल्व्हर कार्प आणि कॉमन कार्प हे १:२:१ या गुणोत्तर वापरणे योग्य आहे.

### ३.५.६.२.३ कुक्कुटपालन-मासे एकात्मिक शेती:

कोंबडीच्या विष्ठेमध्ये फॉस्फरस आणि नायट्रोजन भरपूर प्रमाणात असते, त्यामुळे कोंबडीचे खत हे प्रभावी खत आहे. एक हेक्टर मत्स्यतलावासाठी २५ हजार पिल्ले पाळता येतात. तलावाच्या वर बांबूच्या सहायाने पोल्ट्री शेड बांधण्यात येते, जेणेकरून तलावात कोंबडीखत थेट दिले जाऊ शकेल. एका

कोंबडीपासून वर्षाला २५ किलो पोल्ट्री खत तयार होते. वर्षाकाठी कुक्कुटपालनापासून ९०,००० ते १,००,००० अंडी आणि २५०० किलो मांसाचे उत्पन्न मिळते तर कोणत्याही रासायनिक खते व पूरक आहाराशिवाय ३००० - ४५०० किलो मासे मिळतात.

### ३.५.७ मत्स्य प्रजातींच्या आधारावर मत्स्य संवर्धनाचे प्रकार:

साधारण संवर्धनासाठी उपयोगात आणल्या जाणाऱ्या मत्स्य प्रजातींच्या आधारावर मत्स्य संवर्धनाचे प्रकार पडतात. उदाहणार्थ मांजरी मासे संवर्धन, कोळंबी संवर्धन, जिताडा संवर्धन, खेकडे संवर्धन, काकई संवर्धन, मगुर संवर्धन इत्यादी.

# प्रकरण ४

# मत्स्य संवर्धनावर परिणाम करणारे पाण्याचे घटक: भौतिक, रासायनिक आणि जैविक

तलाव किंवा इतर जलाशयाच्या स्रोतामध्ये मत्स्य उत्पादन वाढीसाठी खाद्य, प्रजनन इत्यादी शास्त्रीय पद्धतींचा वापर करून माशांच्या उत्पादनास मत्स्यशेती म्हणतात. भारतात मोठ्या प्रमाणात तलाव, तळी, धरणे आणि खाडी उपलब्ध आहेत, ज्यांचा उपयोग मत्स्य संवर्धनासाठी केला जाऊ शकतो. सद्यस्थितीत उपलब्ध लागवडी योग्य क्षेत्रापैकी ५० टक्क्या पेक्षाही कमी क्षेत्र मत्स्य संवर्धनासाठी वापरले जात असून अंतर्देशीय मत्स्यव्यवसायाच्या विकासाला प्रचंड वाव आहे. पृथ्वीच्या पृष्ठभागावर नैसर्गिकरित्या किंवा मानवनिर्मित तयार झालेले तलाव ही पाण्याने भरली जातात. नदीवर बंधारा किंवा धरण बांधून माणसाने निर्माण केलेले पाण्याचे साठे म्हणजे जलाशय होय. तलावाची उत्पादकता पाण्याचे प्रमाण, क्षेत्रफळ व खोली व त्याच्या भौतिक, रासायनिक व जैविक वैशिष्ट्यांवर अवलंबून असते.

## ४.१ मत्स्य संवर्धनावर परिणाम करणारे पाण्याचे भौतिक घटक :

मत्स्य तलावातील पाण्याची खोली, तापमान, गढूळपणा आणि सूर्यप्रकाश हे त्या पाण्याच्या उत्पादकतेवर परिणाम करून मत्स्य उत्पादनावर प्रभाव करणारे काही महत्वाचे भौतिक घटक आहेत. या भौतिक घटकांचे मत्स्य संवर्धनासाठी लागणारे प्रमाण व त्यांच्यातील बदलामुळे मत्स्य संवर्धनावर होणारे परिणाम पुढील प्रमाणे आहेत.

### ४.१.१ पाण्याची खोली:

साधारण २ मीटर खोल असलेला तलाव मत्स्य संवर्धनासाठी योग्य मानला जातो, कारण सूर्यप्रकाश तळापर्यंत प्रवेश करू शकल्याने प्रकाश संश्लेषणाद्वारे पाण्याची उत्पादकता वाढते. तर उथळ तलावातील पाणी उन्हाळ्यात गरम होऊन माशांच्या जगण्यावर अरिष्ट परिणाम होतो. अतिशय खोल पाण्यात पाण्याचा दाब वाढतो आणि सर्व प्राणी उच्च दाबाखाली जगू शकत नाहीत व त्याचबरोबर प्रकाश संश्लेषण कमी किंवा नसल्याने पाण्याची उत्पादकता ही कमी होते.

### ४.१.२ तापमान:

माश्यांच्या आहार, श्वसन आणि प्रजनन यासारख्या विविध चयापचय क्रियांवर तापमानाचा प्रभाव पडतो. कमी तापमानामुळे सर्व क्रिया कमी होतात, तर पाण्याचे तापमान वाढल्याने विरघळलेल्या ऑक्सिजनचे प्रमाणही कमी होते. अशा प्रकारे, तापमानातील चढउताराचा  माशांच्या प्रजातींसह सर्व जलचर प्राण्यावर लक्षणीय प्रभाव पडतो. चंदेरा मासा (सिल्वर कार्प), ट्राऊट आणि अनेक हिल स्ट्रीम सारख्या माश्याच्या अनेक प्रजाती उच्च तापमानात जगू शकत नाहीत. त्यामुळे मत्स्य संवर्धनापूर्वी माशांची ओळख,  पाण्याचे  तापमानात व देनंदिन फरकाचे ज्ञान असणे आवश्यक आहे. भारतीय प्रमुख कार्प विविध प्रकारचे तापमान सहन करू शकतात.

### ४.१.३ प्रकाश:

प्रकाश हा तलावाच्या उत्पादकतेवर परिणाम करणारा महत्त्वाचा घटक आहे. उथळ तलावांमध्ये प्रकाश तळापर्यंत पोहोचतो आणि प्रकाश संश्लेषणाद्वारे

वनस्पतींची प्रचंड वाढ होते. पाणवनस्पतींची वाढ हि प्रकशावर अवलंबून असून माशांच्या वाढीवर अप्रत्यक्षपणे परिणाम करते. किनाऱ्यावर छायादार झाडे असल्याने प्रकाश रोखला जातो, त्यामुळे पाण्याची उत्पादकता कमी होते. उथळ व लांब तलाव किनारामुळे प्लवंग निर्माती होऊन तलावाची उत्पादकता वाढते.

### ४.१.४ गढूळता:

पावसाळ्यात गाळ व माती वाढल्याने पाणी गढूळ होते. यामुळे प्रकाशाचा पाण्यामध्ये प्रवेश कमी होतो. अपुऱ्या प्रकाशामुळे प्रकाश संश्लेषणही कमी झाल्यामुळे तलावाच्या उत्पादकतेवर परिणाम होतो. गढूळपणामुळे माशांच्या कल्ल्यांना  इजा होते आणि इजा झाल्याने श्वसनावर परिणाम होतो. तसेच अतिरिक्त प्लवंग निर्मितीमुळे उद्भवलेल्या गढूळतेचा ही माशांवर सारखाच परिणाम होतो. गोड्या पाण्यातील मत्स्य संवर्धनासाठी ३० ते ६० से.मी. गढूळता अनुकूल आहे. परदेशी माश्यांच्या  प्रजातींपेक्षा भारतीय प्रमुख कार्प तुलनेने जास्त गढूळपणा सहन करू शकतात.

### ४.२ मत्स्य संवर्धनावर परिणाम करणारे पाण्याचे रासायनिक घटक:

पाण्यात विरघळलेले वायू आणि अकार्बनी मीठ असे अनेक रासायनिक घटक तलावाच्या उत्पादकतेवर परिणाम करतात. ते खालील प्रमाणे

### ४.२.१ विरघळलेला ऑक्सिजन (प्राणवायू):

तलावाच्या पाण्यातील विरघळलेला प्राणवायू हा मत्स्य उत्पादन मर्यादित करणारा महत्त्वाचा घटक आहे. तलावामध्ये प्राणवायू हा पृष्ठभागातील पाण्यामध्ये हवेतील ऑक्सिजन विरघळून आणि तसेच वनस्पतींच्या प्रकाश संश्लेषण क्रियेद्वारे निर्मिती होऊन उपलब्ध होतो. दिवसा वनस्पती कार्बन

डायऑक्साईड चे सेवन करतात आणि ऑक्सिजन सोडतात, तर सर्व प्राणी ऑक्सिजन वापरतात. रात्री वनस्पती आणि सर्व प्राणी श्वसनाद्वारे ऑक्सिजन घेऊन कार्बन डायऑक्साईड सोडतात. तलावामध्ये ऑक्सिजनचा समतोल राखला जातो, परंतु अनेक घटकांमुळे भिन्नता उद्भवते. ढगाळ दिवसात प्रकाश संश्लेषण कमी होते आणि ऑक्सिजनची कमतरता निर्माण होते. याशिवाय जास्त तापमान, सेंद्रिय पदार्थांचे विघटन आणि सांडपाण्याची भर यामुळे तलावातील पाण्यातील ऑक्सिजनचे प्रमाण कमी होते. ऑक्सिजनच्या कमतरतेमुळे विशेषत: रात्री उशीरा आणि ढगाळ दिवसात मोठ्या संख्येने माश्यांची मरतुक होते. जास्त ऑक्सिजन निर्मिती देखील जास्त चयापचय क्रियेमुळे माशांसाठी घातक असते.

## ४.२.२ कार्बन डायऑक्साईड:

तलावामध्ये प्रकाश संश्लेषणासाठी कार्बन डायऑक्साईडची आवश्यकता असून त्याचे अधिक प्रमाण प्राण्यांसाठी हानिकारक असते. प्राणी आणि वनस्पतींच्या श्वसनाद्वारे व तसेच सेंद्रिय पदार्थांच्या विघटनामुळे पाण्यात कार्बन डायऑक्साईड उपलब्ध होतो.

कार्बन डायऑक्साईड पाण्याबरोबर कार्बोनिक आम्ल ($H_2CO_3$) तयार करते, जे $H^+$ आणि $HCO_3^-$ आयन मध्ये विघटित होते. चुना ($CaCO_3$) व कार्बोनिक आम्ल ($H_2CO_3$) यांच्या प्रक्रियेने कॅल्शियम बायकार्बोनेट $Ca(HCO_3)_2$ तयार होते. तयार झालेले हायड्रॉक्साईड्स, कार्बोनेट्स आणि बायकार्बोनेट्स पाण्याच्या एकूण अल्कलीनिटीवर परिणाम करतात.

### ४.२.३ सामू (पीएच):

पाण्याचा सामू म्हणजे पाण्याचे आम्ल आणि अल्कली चे गुण निर्देशित करणारे परिमाण मूल्य होय. तलावाच्या पाण्याचा सामू त्यामध्ये राहणाऱ्या माश्यासोबत सर्व जलचरांच्या चयापचयावर परिणाम करतो. तलावाचे पाणी उदासीन (पीएच = ७), किंवा आम्लीय (पीएच = १ ते ७), किंवा अल्कली (पीएच ७ ते १४) असतो. पीएच मधील बदल सहन करण्याची माश्यांची क्षमता प्रजाती नुसार वेगवेगळी असते. तथापि, कमी पीएच म्हणजेच आम्लीय सामू माशांसाठी हानिकारक आहे. सामान्यत: उदासीन किंवा किंचित अल्कली पीएच (पीएच ७ ते ८) मत्स्य संवर्धनातून अधिक मत्स्य उत्पादनासाठी योग्य असतो. पीएच ५ पेक्षा कमी आणि ९ पेक्षा जास्त असलेले पाणी मत्स्य संवर्धनासाठी योग्य नसते. आम्लयुक्त पाण्यामुळे माशांच्या वाढीचा दर कमी होतो, तसेच जीवाणू आणि इतर परजीवींपासून संसर्ग होतो. अशाप्रकारे आम्लयुक्त पाण्यामुळे माश्याच्या जीवनावर अरिष्ट परिणाम होतो. तलावाच्या पाण्याच्या पीएच मध्येही दैनंदिन बदल दिसून येतात.

### ४.२.४ पाण्याचा हार्डनेस:

पाण्याचा हार्डनेस म्हणजे एकूण कॅल्शियम आणि मॅग्नेशियमच्या कार्बोनेटची बेरीज असून, मिलीग्राम प्रति लिटर (mg/L) मध्ये व्यक्त केली जाते. पाण्याचा हार्डनेस ७५ मिलीग्राम/लिटर च्या खाली असल्यास सामान्यतः मऊ पाणी, ७६ ते १५० मिलीग्राम/लिटर असल्यास मध्यम जड पाणी, तर १५० मिलीग्राम/लिटर पेक्षा जास्त असल्यास जड पाणी मानले जाते.

कॅल्शियम व मॅग्नेशियम क्षारांमुळे होणारा पाण्याचा हार्डनेस तलावाच्या उत्पादकतेला अनुकूल ठरतो. असे आढळून आले आहे कि, १५० पीपीएम किंवा

त्यापेक्षा जास्त हार्डनेस असलेले तलावाचे पाणी माशांच्या वाढीसाठी अनुकूल असते तर, ५० पीपीएम पेक्षा कमी हार्डनेस असलेले पाणी माशांची वाढ मंदावते आणि त्यांना प्राणघातकही ठरू शकते.

## ४.२.५ विरघळलेली अकार्बनी व सेंद्रिय संयुगे:

पाण्यात विरघळलेले विविध अकार्बनी क्षार म्हणजे कॅल्शियम, पोटॅशियम, सोडियम, मॅग्नेशियम, क्लोराईड, सल्फेट, नायट्रेट्स, फॉस्फेट व कार्बोनेट सोबत नायट्रोजन आणि फॉस्फरसची सेंद्रिय संयुगे देखील असतात. याशिवाय पाण्यात विविध अमिनो ॲसिड, फॅट्स, साखर, स्टार्च देखील असतात. तलावाच्या पाण्यात नायट्रोजन आणि फॉस्फरस कमी प्रमाणात असले, तरी ते फायटोप्लांकटनच्या उत्पादनासाठी महत्त्वाचे असतात. फॉस्फरसच्या कमतरतेमुळे पाण्याची उत्पादकता कमी होते. कॅल्शियम, मॅग्नेशियम, फॉस्फरस, मॅंगनीज, तांबे, जस्त, ॲल्युमिनियम, निकेल, कोबाल्ट इत्यादी अनेक पोषक घटक तलावाच्या जमिनीत सूक्ष्म प्रमाणात असले तरी पाण्याची उत्पादकता टिकवून ठेवण्यासाठी महत्त्वाचे असतात. उत्तम परिणामांसाठी तलावाचे योग्य व्यवस्थापन करून या संयुगांची कमतरता भरून काढावी लागते जेणेकरून तलावाची उत्पाकता वाढते.

## ४.३ मत्स्य संवर्धनावर परिणाम करणारे पाण्याचे जैविक घटक:

मत्स्योत्पादन हे तलावातील मोठ्या संख्येने उपलब्ध असलेल्या प्राणी व वनस्पतींवर अवलंबून असते. पाण्यातील वनस्पती हे माश्यांचे अन्न आहे. मत्स्य संवर्धनावर परिणाम करणारे पाण्याचे जैविक घटक खालील प्रमाणे आहेत.

**४.३.१ वनस्पती प्लवंग (फायटोप्लँक्टन):** वनस्पती प्लवंग हे पाण्यातील हरितद्रव्य (Chlorophyl) असलेली एकपेशीय व बहुपेशीय जीव असून प्रकाश संश्लेषण करून अन्न तयार करतात. या मध्ये स्पायरोगायरा, झिग्रेमा, क्लॅडोफोरा, यूलोथ्रिक्स, डेस्मिड, डायटम, युग्लेनो, व्होल्वोक्स, मायक्रोसिस्टिस, क्लोरेला आणि ऑनाबेना हि काही वनस्पती प्लवंग आहेत.

**४.३.२ प्राणी प्लवंग (झुप्लँक्टन):** प्राणी प्लवंग हे पाण्यातील एकपेशीय व बहुपेशीय परजीवी असून हे वनस्पती प्लवंगाचा अन्न म्हणून वापर करतात. प्रोटोझोआ, रोटिफर, कोपीपोड आणि क्रस्टेशियन हे काही प्राणीजन्य प्लवंग आहेत.

**४.३.३ तरंगत्या पाणवनस्पती:** ईचोर्निया, पिस्टिया, साल्व्हिनिया, लेमना आणि अझोला ई.

**४.३.४ जलीय वनस्पती-** व्हॅलिसनेरिया, हायड्रिला, पोटॅमोगेटोन, नेलंबियम आणि नायनिफेया ई.

**४.३.५ लहान प्राणी-** ट्युबिफेक्स, ब्रँचिओड्रिलस, ब्रँच्युरा, इतर माश्यानची पिल्ले, कीटकांच्या अळ्या, ड्रॅगन फ्लाय, मेफ्लाय, कोपिपोड, गोगलगाय आणि टॅडपोल ई.

वरील सर्व सजीव हे मत्स्य जिरे, बोटूकाली आणि प्रौढ माश्यांचे नैसर्गिक खाद्य असून माशांच्या योग्य वाढीसाठी यांची पुरेसी उपलब्धता आवश्यक आहे.

# प्रकरण ५

# मत्स्य संवर्धन प्रणाली

गोड्या पाण्यातील मत्स्यपालन एकूण कृषी उत्पादन प्रणालीचा अविभाज्य घटक आहे. हा एकतर इतर पिकांना पूरक असलेला प्राथमिक व्यवसाय म्हणून केला जातो किंवा उपलब्ध संसाधनांवर अवलंबून असा एक व्यवसाय आहे. मत्स्य संवर्धन प्रणाली ही तलाव किंवा टाक्यांसारख्या मर्यादित पाण्याच्या भागात मासे वाढवण्याच्या पद्धती आहेत. मत्स्य संवर्धनाचे प्रकार, प्रजाती तसेच पर्यावरणीय स्थिती यावर वेगवेगळ्या मत्स्य संवर्धन पद्धतीचा वापर केला जातो. त्यांपैकी काहीचे विवेचन सविस्तरपणे या प्रकरणात केले आहे.

## ५.१ तलावातील मत्स्य संवर्धन

गोड्या पाण्याच्या तलावांमध्ये किफायदेशीर मत्स्य संवर्धन केले जाते. मत्स्य संवर्धनाचे यश हे व्यवस्थापनावर पूर्णतः अवलंबून असते. तलाव व्यवस्थापनात साठवणूक पूर्व व्यवस्थापन (Pre-stocking management), साठवणूकीचे व्यवस्थापन (Stocking management) आणि साठवणूक नंतरचे व्यवस्थापन (Post-stocking management) असे तीन टप्पे असतात.

### ५.१.१ साठवणूक पूर्व व्यवस्थापन (Pre-stocking management):

साठवणूक पूर्व व्यवस्थापनामध्ये जागेची निवड, तलावाचा तळ उन्हात तळू देणे, नांगरणी, जलचर, तण, इतर शिकारी मासे व कीटक यांचे निर्मूलन,

तलावात पाणी भरणे, खते देणे म्हणजेच तलावांचे कंडिशनिंग करणे यांचा समावेश होतो.

### ५.१.१.१ मत्स्य संवर्धनासाठी जागेची निवड :

योग्य जागेची निवड ही मत्स्यशेतीच्या यशाचे  गमक आहे. जागेची निवड ही मत्स्य संवर्धनाच्या प्रकार आणि प्रजातीवर अवलंबून असते. मत्स्य संवर्धनासाठी जागा निवडताना आपण खालील बाबींचचा विचार केला पाहिजे.

१. **पाणी पुरवठा:** तलाव भरण्यासाठी व इतर वापरासाठी चांगले गुणधर्म असलेल्या पाणी पुरवठ्याचा विश्वासहार्य स्त्रोत असावा.

२. **माती :** जमीन सुपीक आणि चांगली पाणी धारण क्षमता असणारी असावी. मातीचा सामू (pH) किंचित अल्कली (७.५ ते ८.५) असावा.

३. **जमिनीच्या पृष्ठभागाची वैशिष्ट्ये:** तलावासाठी निवड करण्यात आलेल्या जमिनीच्या पृष्ठभागाचा उतार सौम्य असावा, आदर्शपणे तो ०.५ ते ३ % दरम्यान असावा. पृष्ठभागावर जास्त खच खळगे आणि झाडी नसावी कारण तलाव निर्मितीचा खर्च याबाबींनवर अवलंबून असतो.

४. **जागेची सुलभता:** निवड करण्यात आलेल्या जागेस रस्त्यासह वाहतुकिंच्या सुविधा सहज उपलब्ध असाव्यात. निवड करण्यात आलेल्या परिसरात विद्युत पुरवठा उपलब्धता असावा.

५. **इतर सुविधा:** कर्मचाऱ्यांच्या मुलांसाठी शाळा, रुग्णालये, खरेदीसुविधा अशा इतर सुविधांचाही काही प्रमाणात जागानिवडीच्या वेळी विचार करणे आवशक आहे. आयताकृती आकार आणि चांगले बांध असलेला

०.५ हेक्टर किंवा त्याहून मोठा तलाव मत्स्य संवर्धन व्यवस्थापनासाठी आदर्श मानला जातो.

## ५.१.१.२ तलाव उन्हात सुकवणे:

तलाव पुरेसा उन्हात सुकवावा, जेणेकरून तलावाच्या तळाला भेगा पडतील. यामुळे तलावाच्या तळातील सेंद्रिय पदार्थांचे विघटन वेगाने होते. तसेच उन्हात सुकवल्यामुळे तलावाच्या तळाचे निर्जंतुकीकरण होते. तळामधून विषारी वायू निघून जातात. यामुळे तलावाच्या तळाचा पोत  सुधारून सुपीक बनतो.

## ५.१.१.३ नांगरणी:

तळ्याची नांगरणी केल्याने खनिजीकरण वाढते, साचलेले विषारी वायू काढून टाकले जातात, तण व नको असलेले मासे, माश्यांची अंडी, इतर प्राणी यांचा नायनाट होतो. तलावाच्या तळाशी नांगरणी केल्याने जमिनीचा पोत सुधारतो, परंतु नांगरणी इतकी खोल असू नये की जमिनीचा वरचा सुपीक थर गाडला जाईल आणि खालील असुपिक थर पृष्ठभागावर येईल.

## ५.१.१.४ पाण्यातील तणांचे नियंत्रण :

तणांच्या वाढीसाठी तलावाच्या मातीतून पोषक घटक घेतल्यामुळे ती निकृष्ट बनते. तण वाढीमुळे माशांच्या हालचालींवर मर्यादा येतात, तळ्यात जाळी मारताना अडथळा निर्माण होतो व तसेच नको असलेल्या माश्यांना व कीटकांना आश्रय मिळतो. त्यामुळे तणांच्या वाढीवर नियंत्रण ठेवणे अत्यावशक आहे. तण नियंत्रणाचा उत्तम मार्ग म्हणजे तलाव वाळवणे व नांगरणे हा होय.

## ५.१.१.५ नको असलेल्या जीवांचे निर्मूलनः

मासे पाळताना बेडूक, साप, पक्षी असे इतर प्राणी हे पालन केलेले लहान मासे खातात म्हणून त्यांना तलावाबाहेर ठेवणे आवशक आहे. सर्वात वाईट भक्षक म्हणजे मांसाहारी मासे होत आणि त्यांना पाणी भरते वेळे बारीक मेशची जाळी वापरून तलावात प्रवेश करण्यापासून रोखले पाहिजे. तणमासे हे लहान आकाराचे आणि किफायतशीर नसतात,  जे चुकून तलावात प्रवेश करतात आणि पालन केलेल्या प्रजातींशी अन्न आणि निवाऱ्यासाठी स्पर्धा करतात. तसेच, शिकारी मासे हे पालन केलेल्या माशांच्या स्पॉन पासून प्रौढांपर्यंत, सर्व टप्प्यांसाठी हानिकारक असतात आणि या माशांची शिकार करतात. तसेच शिकारी मासे हे अन्न आणि जागेसाठीही त्यांच्याशी स्पर्धा करतात. तलावांमधील सामान्य शिकारी आणि तण मासे म्हणजे चन्ना, क्लेरियस बॅट्राकस, हेटेरोपिनीस, वलागो, नॉटोप्टेरस, मिस्टस, अंबासिस, पुंटियस इत्यादींच्या प्रजाती होत.

तलावात साठा करण्यापूर्वी सर्व कचरा, भक्षक मासे आणि इतर भक्षक काढून टाकणे आवश्यक आहे. तलावांचा निचरा, वाळविणे व नंतर नांगरणी करणे या सोप्या पद्धत नियंत्रणासाठी सर्वात प्रभावी ठरते. पाण्याचा निचरा करणे शक्य नसल्यास वारंवार जाळी ओढून तलावातून बहुतांश नको असलेले मासे काढले जातात. चिखलात रुतून बसणारे मरल, पर्च, मागूर, शींघी इत्यादी तळागाळातील रहिवाशांना जाळीने पकडणे अवघड आहे. अशा वेळी, पाण्याचा निचरा होऊ शकत नाही अशा तलावात नको असलेले माशांपासून मुक्त होण्याचा उत्तम मार्ग म्हणजे पाण्यात विष मिसळणे होय. बाजारात विविध प्रकारचे मासेमारणारे विष उपलब्ध असून त्यांचे  वर्गीकरण साधारण तीन

गटांमध्ये केले जाते जसे कि क्लोरिनेटेड हायड्रोकार्बन, ऑर्गनोफॉस्फेट आणि वनस्पती डेरिव्हेटिव्हस होय.

## ५.१.१.६ जलचर कीटकांचे निर्मूलन :

वर्षाभर विशेषत: पावसाळ्यात व त्यानंतर तलावांमध्ये मोठ्या संख्येने कीटक आढळतात. हे किडे माशांच्या बिजाला इजा पोहोचवतात आणि त्यामुळे त्यांचे निर्मूलन करणे आवशक आहे. नोटोनेक्टा, राणात्रा, सायबिस्टर, लेथोसेरोस, नेपा, हायड्रोमेट्रा आणि बेलोस्टोमा हे कार्प बिजासाठी अत्यंत हानिकारक आहेत. तेलाचा तवंग (Oil Emulsion) वापरून कीटकांचा नायनाट करता येतो. कीटकांचा नायनाट व्हावा म्हणून नर्सरी तलावात स्पॉन साठवण्याच्या १२ ते २४ तास अगोदर ऑईल इमल्शनची फवारणी करावी. ६० किलो तेल आणि २० किलो साबण हे एक हेक्टर तलावातील पाण्यावर प्रक्रिया करण्यासाठी पुरेसे आहे.

## ५.१.१.७ चुना टाकणे (Limimg):

पाण्याची गुणवत्ता सुधारण्यासाठी मत्स्य संवर्धनामध्ये चुना वारंवार वापरला जातो. तलाव नांगरणी, साफसफाई व चोपडा झाल्यानंतर त्याला चुन्याने कंडीशनिंग केली जाते. लायमिंगमुळे तलावाची उत्पादकता वाढते व नीरजन्तुकरणही होते. लायमिंग हे रोगप्रतिबंधक आणि रोग निवारणही म्हणूनही काम करते. चुना वापरण्याचे मुख्य फायदे खालील प्रमाणे आहेत;

१. माती आणि पाण्याची आम्लता कमी करते.

२. पाण्यात कार्बोनेट आणि बायकार्बोनेटचे प्रमाण वाढवते.

३. जीवाणू, परजीवी मासे आणि त्यांच्या वाढीच्या टप्प्यांना नष्ट करते.

४. लायमिंगच्या बफरिंग क्रियेद्वारे तलावातील पीएचचे चढउतार प्रभावीपणे थांबवतो. लायमिंग खनिजीकरणाला चालना देऊन तलावाच्या मातीची गुणवत्ता सुधारणे.

५. तालावतील सेंद्रिय पदार्थांचे विघटन प्रोस्ताहित करून ऑक्सिजन कमतरतेची शक्यता कमी करते.

६. चुना हे जंतुनाशक म्हणून कार्य करून तलावाची स्वच्छता राखते.

नवीन तलाव पाण्याने भरण्यापूर्वी चुना वापरला जातो. साधारण चुनखडी कोरड्या तलावाच्या तळाशी समप्रमाणात पसरली जाते व तसेच पाणी असलेल्या तलावांमध्ये पाण्याच्या पृष्ठभागावर समप्रमाणात पसरणे इष्ट होय. तलाव नवीन असो वा जुना, चुना वापरणे आवशक आहे. तलावात पाणी टाकण्याच्या दोन आठवडे अगोदर चुना मिसळावा. अत्यंत आम्लयुक्त जमिनीला (पीएच ४ ते ४.५) १००० किलो/हेक्टर चुना लागतो, तर किंचित आम्लयुक्त जमिनीला (पीएच ५.५ ते ६.५) ५०० किलो/हेक्टर चुना लागतो. जवळजवळ उदासीन सामू असलेल्या जमिनीला (६.५ ते ७.५ पीएच) हेक्टरी फक्त २०० ते २५० किलो चुना लागतो. जास्तीत जास्त उत्पन्नासाठी तलावाच्या मातीचा पीएच जवळजवळ उदासीन असणे आवशक आहे.

## ५.१.१.८ तलावात पाणी भरणे:

तलावाच्या तळाशी किमान दोन आठवडे चुना टकल्यानंतर तो पाण्यने हळूहळू भरावे. तलावात पाणी सोडताना हवेतील ऑक्सिजनमध्ये मिसळून पाणी खाली तलावात पडावे जेणेकरून प्राणवायूचे प्रमाण वाढेल. जाळीचा वापर करून नको असलेले मासे आणि इतर भक्षक तलावात प्रवेश करणार नाहीत

याची खबरदारी घ्यावी. तलाव भरल्यानंतर साधारण एक आठवडा प्लवंग निर्मितीसाठी मोकळा राहू द्यावा. तलावात मासे सोडण्यापूर्वी तलावातील पाण्याचा दर्जा तपासावा.

## ५.१.१.९ खत टाकणे (Manuring):

माशांची वाढ आणि पुनरुत्पादन होण्याठी विशिष्ट खनिजे व मूलद्रव्याची आवश्यकता असते. पाण्यात नैसर्गिक अन्न निर्मितीसाठी खते वापरणे आवश्यक आहे. माशांच्या तलावांमध्ये एन. पी. आणि के. च्या पुरवठ्यामुळे प्लवकांची वाढ विकसित होते आणि ती पालन केलेल्या माशांच्या प्रजातींसाठी नैसर्गिक अन्न म्हणून कार्य करते. फायटोप्लांक्टनने समृद्ध तलाव हा बर्‍याचदा चमकदार हिरव्या रंगाचा असतो. हा रंग शेवाळामुळे पाण्यास येतो. सामान्य प्लवंग वाढीमध्ये, सेची डिस्क सुमारे ३० सेंमी खोलीवर अदृश्य होते; जेव्हा सेची डिस्क २० ते ४० सेंमी खोलीवर नाहीशी होते, तेव्हा तलाव अतिशय उत्पादक आणि सुपीक असतो. अशा परिस्थितीत तलावात खताची गरज भासत नाही. आवश्यक खतांचे प्रमाण हे मुख्यतः जमिनीच्या उत्पादकतेवर अवलंबून असते. तलावावर एकतर जैविक किंवा अजैविक खते वापरता येतात. मत्स्यतलावांसाठी सर्वसाधारणपणे १०,००० किलो/हेक्टर/वर्ष शेणखत; २५० किलो/हेक्टर/वर्ष युरिया; १५० किलो/हेक्टर/वर्ष सिंगल सुपरफॉस्फेट व ४० किलो/हेक्टर/वर्ष म्युरेट पोटॅश या खतांची आवश्यकता असते.

## ५.१.२ साठवणूक व्यवस्थापन (Stocking management) :

साठवण व्यवस्थापनात चांगल्या प्रतीचे बियाणे निवडणे, त्यांची वाहतूक करणे आणि योग्य साठवण घनतेसह तलावाच्या वातावरणाशी जुळवून

घेऊन तलावात मत्स्य बियाणे सोडणे यांचा समावेश होतो. तलावात मासे सोडण्याच्या क्रियेला बीजाची साठवणूक असे म्हणतात आणि साठवणुकीची घनता म्हणजे माशांची संख्या प्रती मीटर होय, जी तलावात साठवली जाऊ शकते. मत्स्योत्पादन वाढीसाठी इच्छित गुणांनीयुक्त असलेल्या माशांची निवड हा सर्वात महत्त्वाचा मासे पालनाचा घटक आहे. माशांच्या संगोपनासाठी, एकप्रजाती किंवा बहुप्रजाती संवर्धन केले जाऊ शकते. साधारण अपेक्षित हेक्टरी ५००० मासे साठवणुक केले जातात. माशांची वाढ प्रमुखता तलावातील साठवण घनतेवर अवलंबून असते. साठवणुकीचा दर तलावाच्या आकारापेक्षा पाण्याचे प्रमाण, गुणधर्म आणि तलावाच्या ऑक्सिजन संतुलनावर अवलंबून असतो.

### ५.१.२.१ मत्स्यबीजाचे तलावातील पाण्याशी जुळवणूक :

तलावात माशांची साठवणूक करताना पुरेसा ऑक्सिजन असावा, मत्स्य बीज पिशवीतील पाणी आणि तलावाचे पाणी यात तापमानाचा जास्त फरक नसावा. माशांना तपमानामुळे ताण येऊ नये म्हणून मत्स्यबीजाच्या पिशव्यांमधील पाण्याचे तापमान आणि तलावातील पाण्याचे तापमान सारखे होईपर्यंत बीजपिशव्या न उघडता तलावात काही कालावधी करिता ठेवल्या जातात. नंतर हळूहळू पिशव्यातील सामू तलावातील पाण्यासारखा करण्यासाठी पिशवीत तलावाचे पाणी थोडे थोडे हाताने किंवा मगाणे घालावे. जेव्हा पिशवीतील पाण्याचे गुणधर्म तलावातील पाण्याशी सुसंगत होतात तेंव्हा मत्स्य बीज स्वताहून तलावात जाऊ लागते. तलावाच्या पाण्यात मत्स्य बीज फेकू नयेत, कारण ते पाण्यावर आदळण्याच्या धक्क्याने व वातावरणातील बदलामुळे

मरतात. मत्स्य बीज साठवणुकीचे नियोजन सकाळी किंवा सायंकाळी करावे जेणेकरून पर्यावरणाचा ताण मत्स्य बीजवर  पडणार नाही.

## ५.१.३ साठवणूक नंतरचे व्यवस्थापन (Post-stocking management):

साठवणोत्तर तलाव व्यवस्थापनात पाण्याची गुणवत्ता व्यवस्थापन, चारा व आरोग्य व्यवस्थापन आणि नंतर काढणी व्यवस्थापनाचा समावेश होतो.

## ५.१.३.१ पाणी गुणवत्ता व्यवस्थापन:

यशस्वी तलाव संवर्धन हे प्रामुख्याने निरोगी पर्यावरण आणि पुरेसे मत्स्यखाद्यावर अवलंबून असते. मत्स्य पालनासाठी पाणी ही प्राथमिक गरज आहे. तलावातील मत्स्यखाद्य निर्मितीचे नियंत्रण हे भौतिक, रासायनिक व जैविक घटकावरती अवलंबून असते आणि त्यानंतरचे होणारे मत्स्योत्पादनही. पाणी केवळ मत्स्योत्पादनातच महत्त्वाची भूमिका बजावत नाही, तर माशांचे अस्तित्व आणि वाढ होण्यास ही मदत करते. त्यामुळे मत्स्य शेतकऱ्यांनी तलावातील स्वच्छतेची खूप काळजी घ्यावी, जेणेकरून त्यांना अधिक नफा मिळेल. पाण्याची गुणवत्ता उत्तम राखली तर रोगांचा प्रादुर्भाव होणार नाही, आणि म्हणून रोग बरे करण्यासाठी जास्त पैसेही खर्च करण्याची गरज नाही. पाण्याची गुणवत्ता राखली तर माशांना चवही चांगली येते. पाण्याच्या गुणवत्तेवर भौतिक, रासायनिक आणि जैविक घटकांचा प्रभाव असतो. पाण्याची गुणवत्ता हि पाणी बदलून, ताजे पाणी भरून तसेच खते, रसायने आणि प्रोबायोटिक्स यांचा वापर करून दर्जेदारपणे राखली जाते.

## ५.१.३.१.१ भौतिक घटक :

पाण्याच्या भौतिक गुणधर्मांवर पाण्याची खोली, तापमान, गढूळता, प्रकाश व पाण्याचा रंग यांचा मोठा परिणाम होतो.

१. **पाण्याची खोली** : तलावाच्या जैविक उत्पादकतेसाठी १ ते २ मीटर खोली इष्टतम मानली जाते.

२. **पाण्याचे तापमान:** माशांमध्ये तापमान सहिष्णुतेची एक निश्चित मर्यादा असते आणि इष्टतम मर्यादा २० ते ३२ अंश सेल्सिअस असते. १८ ते ३८ अंश सेल्सिअस तापमानात भारतीय प्रमुख कार्पची चांगली वाढ होऊ शकते.

३. **गढूळता:** पाण्यातील गढूळपणा प्रामुरव्याने माती, गाळ, फायटो आणि झुप्लॉंकटन व वाळूचे कण यांसारख्या अकार्बनी पदार्थांमुळे असते. सेची डिस्क ३० ते ५० सें.मी.वर नाहीशी झाली तर ते पाणी उत्पादक स्वरूपाचे असून मत्स्य पालनासाठी आदर्श असते.

४. **प्रकाश:** माशांच्या तलावात प्रकाश ऊर्जेची उपलब्धता ही तलावाच्या उत्पादकतेवर व प्रकाश संश्लेषणावर मोठ्या प्रमाणात परिणाम करते. म्हणून प्रकाशाची तीव्रता आणि त्याची दिवसातील उपलब्धता चांगली असावी.

५. **पाण्याचा रंग** : प्लवंग, वाळूचे कण, सेंद्रिय कण व धातूचे आयन यांमुळे पाण्याला रंग प्राप्त होतो. डायटम जास्त असल्यास पाण्याचा रंग सोनेरी किंवा पिवळा तपकिरी असतो. कोळंबी संवर्धनासाठी या प्रकारचे पाणी

उत्तम आहे. तपकिरी हिरवा, पिवळसर हिरवा आणि हलका हिरव्या रंगाचे पाणी कोळंबी तसेच मत्स्य संवर्धनासाठी चांगले असते.

## ५.१.३.१.२ रासायनिक घटक :

पाण्याचा सामू, विरघळलेला ऑक्सिजन, क्षारता, हार्डनेस, फॉस्फेट आणि नायट्रेट्स या रासायनिक घटकांचा तलावाच्या उत्पादकतेवर परिणाम होतो.

१. **सामू:** सामू/ पीएच म्हणजे पदार्थातील हायड्रोजन आयन (प्रोटॉन) च्या एकाग्रतेचे प्रभावी माप आहे, आणि मत्स्य संवर्धनासाठी इष्टतम पीएच श्रेणी ही ७.० ते ८.५ आहे.

२. **विरघळलेला ऑक्सिजन :** मत्स्य संवर्धनासाठी इष्टतम विरघळलेला ऑक्सिजन ५ ते ८ पीपीएम असतो.

३. **अल्कलीनिटी:** मत्स्य संवर्धनासाठी एकूण अल्कलीनिटी इष्टतम पातळी ४० ते १५० पीपीएम असते. अल्कलीनिटी प्लवकांच्या उत्पादनावर थेट परिणाम होतो.

४. **हार्डनेस:** हार्डनेस कॅल्शिम आणि मॅग्नेशिम आयनमुळे होतो. ४०० पीपीएम पेक्षा कमी हार्डनेसचे पाणी मऊ व ४०० पीपीएम पेक्षा जास्त हार्डनेसचे पाणी जड असते. ५० ते १५०  पीपीएम हार्डनेसचे पाणी मासे व कोळंबी यांच्या वाढीसाठी अनुकूल असते.

५. **क्षारता:** खारटपणा (क्षारता) हे पाण्यात विरघळलेल्या क्षारांचे मोजमाप आहे. गोड्या पाण्याची क्षारता ही शून्य असते.

६. **कार्बनडाय ऑक्साईड:** मत्स्य संवर्धनासाठी कार्बन डायऑक्साईडची इष्टतम पातळी ही ५ पीपीएम पर्यंत असणे आवशक आहे.

७. **विरघळलेले अमोनिया आणि त्याची संयुगे:** मत्स्य संवर्धनासाठी अमोनियाची इष्टतम मर्यादा ०.३ ते १.३ पीपीएम आहे.

८. **हायड्रोजन सल्फाइड:** मत्स्य संवर्धनासाठी तलावाच्या पाण्यात हायड्रोजन सल्फाइड ०.०५ पीपीएम पेक्षा कमी असावा.

## ५.१.३.१.३ जैविक घटक:

प्लवंग, तण आणि रोगास कारणीभूत असणारे इतर जैविक घटक देखील पाण्याच्या गुणवत्तेच्या देखभालीमध्ये भूमिका बजावतात.

## प्लवंग-पाण्याची गुणवत्ता:

प्लवंग हे मुक्त जीवन जगणारे लहान सजीव जसे की वनस्पती, प्राणी व त्यांची अंडी, पिल्ले इत्यादी होत, जे पाण्याच्या प्रवाहा बरोबर फिरतात. प्लवंग प्रवाहाविरुद्ध पोहू शकत नाहीत, तर ते प्रवाहाबरोबर वाहत जातात. प्लवंग हे नैसर्गिक मासे खाद्य जीव असून, ज्यात ६० % सहज पचण्यायोग्य प्रथिने असतात. फायटोप्लांकटन प्रकाश संश्लेषणाद्वारे अन्न आणि ऑक्सिजन तयार करतात. खतांपैकी एन. पी. के. हे प्लवंग उत्पादनासाठी सर्वात महत्त्वाचे घटक आहेत. प्लवंग उत्पादन वाढीसाठी सेंद्रिय व अजैविक खतांचा वापर करता येतो. प्लवंग उत्पादनासाठी चुनाची मात्रा देखील आवश्यक आहे. खते व चुना यांचा वापर नियमित अंतराने केल्याने तलावात पुरेशा प्रमाणात प्लवंग निर्मिती होण्यास मदत होते.

## ५.१.३.२ खाद्याचे व्यवस्थापन (Feed Management):

खाद्य व्यवस्थापनामध्ये मुख्यता नैसर्गिक अन्न निर्मिती व चांगल्या कृत्रिम पूरक खाद्याची निवड, साठवण आणि व्यवस्थापन होय.

## ५.१.३.२.१ नैसर्गिक अन्न:

जलस्त्रोतामध्ये विविध प्रकारचे नैसर्गिक मत्स्यखाद्य जीव आढळतात, जे जलस्त्रोताच्या पोषक स्वरूपावर अवलंबून असतात. नैसर्गिक अन्न संतुलित आहाराचे पोषक घटक प्रदान करतात. नैसर्गिक माशांचे खाद्य म्हणजे प्लवंग, फायटो व झूप्लँक्टन, गांडुळ व गांडूळ सारख्या ऑलिगोचेटा वर्गाच्या अळ्या, कीटक अळ्या, मृदूकाय प्राणी, टॅडपोल (बेडूक डिंबक), तण इ. होय. तलावाला योग्य खत देऊन या नैसर्गिक अन्नाची निर्मिती केली जाते. तसेच अधिक मत्स्योत्पादनासाठी नैसर्गिक अन्नास मदत करण्यासाठी पोष्टिक पूरक आहार देखील दिला जातो.

## ५.१.३.२.२ साठवण तलावांमध्ये पूरक आहार:

साठवण तलावातील माशांना ढेप व भाताचा कोंडा असे पूरक आहार द्यावेत. मोहरी किंवा शेंगदना ढेप व तांदळाचा कोंडा १:१ या प्रमाणात दररोज माशांना त्यांच्या शरीर वजनाच्या १ ते ३ टक्के दराने द्यावे. पूरक आहार शक्यतो सकाळ आणि संध्याकाळच्या वेळेत दिला जातो. पूरक आहारासोबत प्लवंगच्या घनतेचे मूल्यांकन करणेही नेहमीच चांगले असते. पाण्यात ठरावीक ठिकाणीच ठेवलेल्या तरंगणाऱ्या चेक ट्रेमध्ये दररोज ठराविक वेळेस पूरक आहार द्यावा. चेक ट्रेमुळे आपणाला पूरक खाद्य किती वेळेत संपले किंवा नाही हे समजते आणि खाद्याची मात्रा ठरवता येते.

## ५.१.३.३ आरोग्य व्यवस्थापन:

माशांचे वजन वाढण्यासाठी व आरोग्य तपासणीसाठी त्यांचे नियमित नमुने घेऊन निरीक्षण केले जाते. आरोग्याच्या समस्या उद्भवल्यास माशांना योग्य उपचारात्मक उपचार द्यावे लागते.

## ५.१.३.३ माशांची काढणी:

बाजारपेठेच्या मागणीनुसार माशांची काढणी साधारण एक वर्षानंतर कल्ले जाळीच्या साहाय्याने, तळी जाळीच्या साहाय्याने किंवा तलावातील पाण्याचा संपूर्ण निचरा करून अर्धवट काढणी किंवा पूर्ण काढणी (Partial or Complete Harvesting) केली जाते.

# ५.२ रेसवे मत्स्य संवर्धन

तलावातील मत्स्यशेती, जरी बांधकाम आणि वापर करण्यास तुलनेने कमी खर्चिक असली तरी बऱ्याच बाह्य घटकांमुळे प्रभावित होते, ज्यावर मत्स्यपालकाचे फारच कमी नियंत्रण असते. यामुळे, रेसवे मत्स्य संवर्धनामध्ये अधिक मानवी नियंत्रण आणण्याचा प्रयत्न केला जातो आणि उच्च उत्पादनासह अत्यंत सघन मत्स्यशेती सुलभरित्या केली जाते. रेसवे मत्स्य संवर्धन हे बऱ्याचदा फ्लो थ्रू सिस्टम म्हणूनही ओळखली जाते. रेसवे मत्स्य पालन प्रणाली ही मत्स्य प्रजातींचे अधिक घनतेने संगोपन करण्यास सक्षम असते. ही एक उच्च उत्पादन प्रणाली आहे, ज्यामध्ये मासे जास्त साठवण घनतेत वाढीवले जातात. माशांच्या अधिक घनदाट संख्येचे संगोपन सक्षम करण्यासाठी रेसवे प्रणालीची रचना ही फ्लो-थ्रू सिस्टम प्रदान करण्यासाठी केली गेली आहे.

## ५.२.१ रेसवे तलाव प्रकार:

रेसवे तलाव मुळात दोन प्रकारचे असतात.

## ५.२.१.१ रेषेतील रेसवे प्रकार (Linear type Raceway):

रेषेतील रेसवे प्रकारात एका रेषेत क्रमवार मांडलेले तलाव असतात. यात प्रत्येक तलावात येणाऱ्या पाण्याचे प्रमाण जास्त असून तेच पाणी वारंवार एका तलावातून लगतच्या दुसऱ्या तलावात वापरले जाते. त्यामुळे सुरुवातीच्या तलावांमध्ये रोगराईचा प्रादुर्भाव झाल्यास त्याचा थेट परिणाम इतर जोडलेल्या तलावांवर होऊ शकतो.

आकृती ५.२.१: रेषेतील रेसवे प्रकार (Linear type Raceway)

## ५.२.१.१ बाजूकडील रेसवे प्रकार (Lateral type Raceway):

बाजूकडील रेसवे प्रकारात तलाव समांतर पद्धतीने वसवलेले असतात. या समांतर रेसवे प्रकारात प्रत्येक तलावात प्रवेश करणाऱ्या पाण्याचे प्रमाण कमी असते, परंतु नवीन पाण्याचा पुरवठा नेहमीच सुनिश्चित केला जातो. या रेसवे प्रकारात रोगाचे संक्रमण एका तलावातून दुसऱ्या तलावात होत नाही.

आकृती ५.२.२: बाजूकडील रेसवे प्रकार (Lateral type Raceway)

रेसवे मध्ये माश्याच्या श्वसनाची गरज तसेच चयापचय क्रिया पूर्ण करण्यासाठी आणि विशेषत: अमोनिया बाहेर काढण्यासाठी चांगल्या गुणवत्तेच्या, ऑक्सिजनयुक्त पाण्याचा मुबलक प्रवाह आवश्यक असतो. रेसवे फार्म अर्थातच इतर तलावांपेक्षा आकाराने लहान असतात आणि खूप कमी जागा व्यापतात. कधीकधी मातीचे बांध असलेले रेसवे तलाव वापरले जातात, परंतु बहुतेक सिमेंट-काँक्रीट ब्लॉक्सपासून बनलेले रेसवे असतात. गळतीमुळे होणारी पाण्याची हानी कमी करण्यासाठी मातीच्या रेसवेवर प्लॅस्टिक मटेरियल लावले जाते. सामान्यत: रेसवे प्रणालीमध्ये आयताकृती तलाव किंवा कालवे असतात ज्यात एकमेकाच्या विरुद्ध बाजूस इनलेट आणि आउटलेट असते. रेसवे प्रणालीमध्ये पूरक खाद्य देणे आणि माश्यांची काढणी सोपी असते. रेसवे प्रणालीमध्ये रोगवर नियंत्रण आणि उपचार देखील अधिक व्यवस्थितपणे केले जाऊ शकतात. सामान्यत: ट्राऊट, कॉमन कार्प आणि तिलापिया सारख्या गोड्या पाण्यातील प्रजातीचे  संवर्धन या प्रणालीत केले जाते.

## ५.२.२ जागेची निवड:

रेसवे प्रणालीच्या यशासाठी विशेष काळजी घेऊन जागेची निवड करणे आवशक आहे. साहजिकच पाणी पुरवठ्याची गुणवत्ता आणि उपलब्धता हा सर्वात महत्त्वाचा भाग आहे. पाण्याचे मुख्य स्त्रोत झरे, ओढे, विहिरी, नदी, धरणे किंवा इतर जलाशय होत. एका टोकाकडून दुसऱ्या टोकाकडे वाहून जाणारे पाणी काढता यावे यासाठी रेसवे तलाव बांधण्यासाठी १ ते २ टक्के जमिनीचा उतार असणे आवशक आहे.

### ५.२.३ रेसवेचा आकार:

जमिनीच्या उपलब्धता व मत्स्य प्रजाती नुसार रेसवेचा आकार हा वेगवेगळा असतो. सर्वसाधारणपणे आयताकृती व वर्तुळाकारचे रेसवे प्रामुख्याने वापरले जातात. आयताकृती रेसवेला सामान्यत: एका रेषेतील रेसवे म्हणतात ज्यामुळे पाणी एका बाजूने आत प्रवेश करते आणि विरुद्ध बाजूने बाहेर पडते.

पाण्याचा समान प्रवाह सुनिश्चित करण्यासाठी रेसवे हे सरळ बांधले पाहिजेत आणि वळणे टाळली पाहिजेत. एकमेकांच्या शेजारी समांतर आवश्यक तेवढे रेसवे बांधता येतात. व्यावसायिक रेसवे फार्ममध्ये रेसवेच्या डझनभर किंवा त्यापेक्षा अधिक रांगा असतात. सर्वसाधारणपणे एक रेसवे हा ३० मीटर लांब, २.५ ते ३ मीटर रुंद आणि १ ते १.२ मीटर खोल असू शकतो. प्रामुख्याने आपत्कालीन परिस्थितीसाठी राखीव पाणीपुरवठा करण्यासाठी साठवण जलाशय बांधला जातो, जिथून गुरुत्वाकर्षणाने पाणी संवर्धन रेसवेमध्ये वाहून जाऊ शकते.

### ५.२.४ रेसवे मधील पाण्याचा प्रवाह:

ऑक्सिजनची पुरेशी आवश्यकता राखण्यासाठी आणि चयापचय क्रियेसाठी रेसवे प्रणालीतील पाण्याचा प्रवाह पुरेसा ते उच्च असतो. सर्वसाधारणपणे रेसवे तलावातील पाणी तासाभरात १०० % बदलले गेले पाहिजे. बहुतेकरून पाण्याच्या प्रवाहाचा दर मत्स्य प्रजातींवर अवलंबून असतो. पाण्याचा प्रवाह आणि खोली नियंत्रित करण्यासाठी वॉटर कंट्रोल प्रणाली किंवा वाल्व्ह असणे महत्वाचे आहे. ही कंट्रोल प्रणाली पाणी वाहत असताना पाण्याला वळविण्याचे काम देखील करू शकते. तसेच, ही रचना तलावातील पाण्याचा

निचराही करते. रेसवेमध्ये तळापासून पाणी काढून टाकण्याचीही सोय असते आणि त्यामुळे कचरा आणि कमी ऑक्सिजन असलेले पाणी बाहेर पडण्यास मदत होते. रेसवे मध्ये पाण्याच्या प्रवाहवर नियंत्रण ठेऊन तलाव हा ओव्हरफ्लो किंवा रिकामा होण्यापासून आणि आपत्कालीन परिस्थितीत रेसवे तळ स्वच्छ करण्यासाठी सुद्धा उपयोग होतो. उदाहरणार्थ, ट्राऊट आणि सालमन संवर्धनासाठी पाण्याची गुणवत्ता कॅटफिश आणि तिलापिया पेक्षा उच्चतम लागत असल्याने रेसवे सिस्टममध्ये कॅटफिश आणि तिलापिया पेक्षा ट्राऊट आणि सालमन संवर्धनासाठी जास्त पाण्याचा प्रवाह ठेवणे आवश्यक असते.

# ५.३ भातशेती सोबत मत्स्य संवर्धन

भात आणि मासे हे भारतीयांचे मूलभूत अन्न आहे. भाताची लागवड ही जगातील जवळजवळ सर्वच समाजामध्ये प्रामुख्याने अर्थार्जनासाठी केली जाते. भाताबरोबरच माशांचे उत्पादन वाढविण्यासाठी भात-मत्स्यशेतीला चालना द्यायला हवी. भारतामध्ये भातासह मत्स्यशेती अरुणाचल प्रदेश, त्रिपुरा, आसाम, पश्चिम बंगाल, बिहार, आंध्र प्रदेश, तामिळनाडू, केरळ आणि महाराष्ट्रातील कोकण, विदर्भ मध्ये लोकप्रिय आहे. या शेती पद्धतीत भाताच्या शेतात माशांचे पालन केले जाते.

भातशेती सोबत मत्स्य संवर्धन ही एक अनोखी कृषी पद्धत आहे जिथे भात हे मुख्य पीक आहे, तर मासे हे उत्पन्नाचे दुय्यम स्त्रोत म्हणून काम करते. एकात्मिक भातशेती-सह-मत्स्य शेती ही एकाच क्षेत्रात समान संसाधनांचा वापर करून भात लागवडीसह मत्स्योत्पादन करण्याची पद्धत आहे. भात आणि मत्स्यपालनाच्या या एकात्मिक शाश्वत शेती पध्दतीमुळे संसाधनांचा चांगला वापर होतो, तांदळाचे उत्पादन वाढते, अन्न सुरक्षा वाढते आणि शेतकऱ्यांच्या महसुलात वाढ होते. या सहजीवन शेतीमुळे मत्स्यखाद्य, खते, तणनाशके आणि कीटकनाशकांची गरज देखील कमी होते. या प्रकारच्या एकत्रीकरणामुळे भात आणि मत्स्यशेती या दोन्हींमध्ये उत्पादन खर्च हा कमी होऊ शकतो. त्यामुळे कृत्रिम निविष्ठांचा वापर कमी होऊन पर्यावरणाचा समतोल साधून शाश्वत शेतीला चालना मिळते. भारतात सुमारे ४२ दशलक्ष हेक्टर क्षेत्रावर भाताची लागवड केली जाते. त्यापैकी केवळ ०.२३ दशलक्ष हेक्टर क्षेत्र भात सह मत्स्य उत्पादनासाठी वापरले जाते.

### ५.३.१ भातशेती सोबत मत्स्य संवर्धनाचे फायदे:

भातशेती सोबत मत्स्य संवर्धनाचे अनेक फायदे आहेत. जसे की,

१. सर्व ऋतूंमध्ये जमीन आणि जलस्त्रोतांच्या प्रभावी वापरास हि शेती प्रोत्साहन देते.

२. माशांचा चयापचय कचरा भात संवर्धनात खत म्हणून कार्य करतो.

३. या शेतीतून भात पिकाचे उत्पादन वाढते आणि त्याचबरोबर चांगल्या प्रतीच्या मत्स्यअन्नाचा  पुरवठा होतो.

४. या शेतीत खते, तणनाशके व कीटकनाशके वापरण्याची गरज भासत नाही आणि त्यामुळे सेंद्रिय शेतीला चालना मिळते.

५. खोडबोअर सारख्या हानिकारक कीटक आणि कीटकांच्या अळ्या मासे खातात आणि त्यांच्या संख्येत घट झाल्याने  भाताचे संरक्षण होते.

६. पाण्याची पातळी वाढल्याने उंदरांच्या संख्येतही घट होते.

७. प्रकाश आणि पोषक तत्वांसाठी भाताची स्पर्धा करणारे शेवाळ आणि तणांचे नियंत्रण झाल्याने भात उत्पन्न वाढते.

८. भातशेतीत थोडे फार बदल करून शेतकऱ्यांमध्ये मत्स्य उत्पन्ननिर्मिती व स्वयंरोजगाराला चालना मिळते.

### ५.३.२ भातशेती सोबत मत्स्य संवर्धनाचे तोटे:

कोचे (१९६७) यांनी भात कम फिश कल्चरमधील खालील तोटे सूचीबद्ध केले आहेत.

१. सिंचनाच्या पाण्याचा अधिक पुरवठा आणि मत्स्य संवर्धनासाठी पाण्याची खोली अधिक असणे आवश्यक आहे.

२. शेतातील बंधारे उभारणे व बळकट करणे यासाठी अतिरिक्त गुंतवणूक व श्रम लागते.

३. खोल पाण्यात आणि कमी तापमान सहन करणाऱ्या तांदळाच्या वाणाची गरज भासते.

४. कार्प, तिलापिया सारखे मासे कोवळ्या रोपांना उखडून किंवा खाऊन भात शेतीचे नुकसान करू शकतात.

५. भातशेतीत काही भाग खंदक बांधून मत्स्यसंवर्धनासाठी वापरला जातो.

६. माशांना पूरक खाद्य देण्यासाठी अतिरिक्त खर्च येतो.

तथापि, यावर अनेक उपाय आहेत. सध्या अनेक अनुवांशिक दृष्ट्या सुधारित व योग्य भाताचा वाण जसे की रोगप्रतिकारक, खोल पाण्यात, जास्त क्षारता, कमी तापमान इ. वातावरणात वाढणारे उपलब्ध झाले आहेत.

## ५.३.३ एकात्मिक भातशेतीचे प्रकार:

भाताच्या भूखंडाची तयारी भौगोलिक परिस्थिती आणि जमिनीच्या आकृतिबंधानुसार बदलते. त्यानुसार भातशेतीचे प्रकार खालील प्रमाणे आहेत.

## ५.३.३.१ परिघाचा प्रकार (Perimeter type):

या प्रकारात भात लागवड क्षेत्र मध्यम उंचीसह मध्यभागी ठेवलेले असते व परिघाच्या सर्व बाजूंनी जमिनीला खंदक केले जाते जेणेकरून पाण्याचा निचरा सहज होईल.

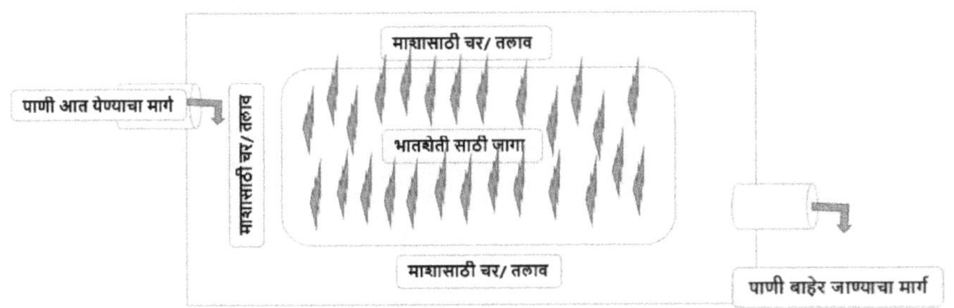


**आकृती: ५.३.१ परिघाचा प्रकार (Perimeter type) भात शेती**

## ५.३.३.२ मध्यवर्ती तलावाचा प्रकार (Central pond type):

या प्रकारात भात लागवडीचे क्षेत्र किनाऱ्यावर असून माश्यासाठी जागा मध्यभागी उतारासह असते.

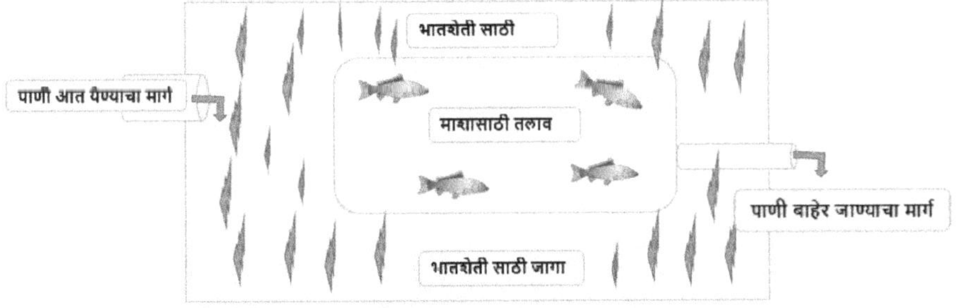


**आकृती: ५.३.२ मध्यवर्ती तलावाचा प्रकार भात शेती**

## ५.३.३.३ पार्श्वखंदक प्रकार (Lateral trench type):

या पद्धतीत भातशेतीच्या दोन्ही बाजूना एक तलाव बनविला जातो, जो भातशेतीला केवळ दोन्ही बाजूनी जोडलेला असतो. भाताच्या एका किंवा दोन्ही बाजूना मध्यम उताराणे खड्डे बनवले जातात.

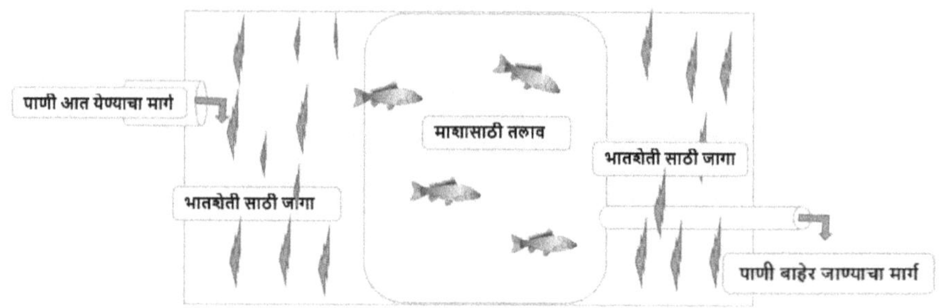


**आकृती: ५.३.३ पार्श्वखंदक प्रकार (Lateral trench type) भात शेती**

## ५.३.४ भाता सह मत्स्य संवर्धनासाठी भात वाणाची निवड:

भाताच्या वाणाची निवड प्रामुख्याने भाताच्या शेतातील पाण्याची खोली व कालावधी यावर अवलंबून असते.

## ५.३.४.१ खोल पाणी सहन करणे:

खोल पाण्यात वाढणारे भाताचे वाण या संवर्धनासाठी योग्य असतात, कारण मत्स्य संवर्धनासाठी भाताच्या शेतीत पाणी भरले जाते.

## ५.३.४.२ उच्च प्रतिकारशक्ती:

या संवर्धनात रासायनिक व कीटकनाशकांच्या वापरावर निर्बंध असल्याने तांदळाचे वाण किडीचा प्रादुर्भाव व संबंधित रोगांना प्रतिरोधक असावेत. अशा परिस्थितीत जैविक नियंत्रण पद्धती लागू करता येऊ शकते, परंतु अशी तंत्रे नेहमीच व्यवहार्य नसतात.

भाताच्या सर्वच जाती या एकात्मिक मत्स्यशेतीसाठी योग्य नसतात. तुळशी, पाणीधन, सीआर २६०, ७७, एडीटी ६, एडीटी ७, राजराजन व पट्टंबी १५ व १६ या सारख्या भक्कम मुळप्रणाली असलेल्या वाणांची निवड केली जाते.

या भात वाणांची मुळं पुराच्या परिस्थितीला तोंड देण्यासाठी मजबूत असल्याने माशांच्या सोबत शेती साठी योग्य आहेत.

## ५.३.५ भाता सह मत्स्य संवर्धनासाठी उपयुक्त माशांच्या प्रजातींची वैशिष्ठ्ये आणि निवड:

कोचे (१९६७) व विन्के (१९७९) यांनी भात सह मत्स्य संवर्धनासाठी उपयुक्त माशांची वैशिष्ठ्ये म्हणून खालील प्रमाणे दिली आहेत.

१. या संवर्धनात माश्यांची उथळ पाणी (>१५ सेंमी खोली) आणि उच्चतम तापमानात (३५°C पर्यंत) सहन करण्याची क्षमता असावी.

२. बऱ्याचदा उष्ण दिवसात भाताच्या शेतात कमी ऑक्सिजनची कमतरता भासते आणि ती स्थिती सहन करण्याची क्षमता असावी.

३. माशांमध्ये वेगाने वाढण्याची आणि बाजारपेठेच्या आकारापर्यंत पोहोचण्याची क्षमता असणे आवश्यक आहे.

४. माश्यांची उच्च गढूळपणा सहन करण्याचीही क्षमता असावी.

कटला, रोहू, मृगल, तिलापिया, कॉमन कार्प, अनाबस, मागुर, जिताडा आणि मुगिल या माशांच्या प्रजाती भाताच्या शेतात मत्स्य संवर्धनासाठी सर्वात योग्य आहेत. भाताच्या शेतात गोड्या पाण्यातील कोळंबी, (*Macrobrachium* rosenbergii) चीही शेती केली जाते.

## ५.३.६ भातशेतीतील मत्स्यशेतीचे प्रकार:

रोटेशन पद्धत किंवा एकाच वेळी भात व मत्स्य शेतीवर आधारित भातशेतीतील मत्स्यशेतीचे दोन प्रकार खालील प्रमाणे आहेत.

### ५.३.६.१ एकत्रित किंवा समकालीन पद्धत:

या पद्धतीत मासे व भात याचे संवर्धन एकाच शेतात एकाच वेळी एकत्रपणे केले जाते. भात आणि मासे यांची एकत्रित शेती भाताच्या भूखंडात केली जाते आणि याला एकाच वेळी किंवा समकालीन शेती म्हणून ओळखले जाते. या शेतीसाठी ०.१ हेक्टरचे क्षेत्र उपयुक्त ठरू शकते. साधारणपणे २५० घनमीटर (२५ मी. x १० मी.) चे एक भात भूखंड तयार होऊ शकते आणि जमिनीच्या क्षेत्रफळानुसार संख्या कमी जास्त होऊ शकते. प्रत्येक भूखंडात ०.७५ मीटर रुंदी व ०.५ मीटर खोलीचा खड्डा/चर खोदण्यात येतो. भाताच्या भूखंडांना वेढणारे बांध साधारण ०.३ मीटर उंच व ०.३ मीटर रुंद असू शकतात. भातशेतीत दिवसा उच्च तापमान असल्यास माशांसाठी हे खड्डे निवारा म्हणून काम करतात. काढणीच्या वेळी हे खड्डे किंवा खंदक कॅप्चर चॅनेल म्हणून देखील काम करतात, कारण पाण्याची पातळी खाली गेल्यावर मासे या ठिकाणी गोळा होतात. भाताच्या भूखंडातील पाण्याची खोली साधारण तांदळाचा वाण, माशांचा आकार व प्रजातींनुसार ५ ते २५ सें.मी. असते.

आकृती: ५.३.४: एकत्रित किंवा समकालीन भात-मासे शेती

प्लॉटमध्ये भाताची रोपे लावल्यानंतर पाच दिवसांनी मत्स्य जिरे (Fish Fry) ५,००० प्रती हेक्टर या दराने किंवा मत्स्य बोटूकली (Fish Fingerling) २,००० प्रति हेक्टर या दराने साठवून सोडले जातात. दररोज पूरक आहार दिल्यास साठवणुकीची घनता दुप्पट हि करता येते. एकाच वेळी भात व मासे संवर्धनाच्या काही मर्यादा असताना फायदे अनेक आहेत,  जसे की.

१.  या शेतीत रसायनांचा वापर अनेकदा अव्यवहार्य असतो.

२.  माशांचा आकार आणि वाढ लक्षात घेता पाण्याची पातळी जास्त राखणे नेहमीच शक्य नसते.

३.  ग्रास कार्प सारखे मासे भाताच्या रोपांना खाऊ शकतात तर कॉमन कार्प आणि तिलापिया सारखे मासे भाताची रोपे उखडून टाकू शकतात. परंतु, योग्य व्यवस्थापनाद्वारे या अडथळ्यांवरही मात करता येऊ शकते.

## ५.३.६.२ एकानंतर एक किंवा रोटेशन पद्धत:

एकानंतर एक किंवा रोटेशन पद्धतीत भाताच्या शेतात भाताच्या सिझन मध्ये भात व भाताच्या ऑफसीझनमध्ये माशांचे संगोपन केले जाते. या पद्धतीत मासे व भात यांची आळीपाळीने लागवड केली जाते. भात काढणीनंतर भातशेतीचे तात्पुरत्या मत्स्यतलावात रूपांतर केले जाते. भात उत्पादनासाठी कीटकनाशके आणि तणनाशके वापरण्यास येत नसल्याने एकाच वेळी संवर्धनापेक्षा या प्रथेला प्राधान्य दिले जाते. मत्स्य संवर्धन कालावधीत पाण्याची खोली ६० सें.मी. पर्यंत खोल राखता येते. भात काढणीनंतर एक-दोन आठवड्यांनंतर मत्स्य संवर्धनासाठी शेत तयार केले जाते. एकाच वेळी संवर्धनेच्या तुलनेत जास्त साठवणूक घनता शक्य आहे. भातशेतीतील माशांच्या संवर्धन तळ्याची साठवण घनता सुमारे मत्स्य जिरे २०,०००/हेक्टर, तर मत्स्य

बोटूकली ६,०००/हेक्टर असू शकते. रोटेशन पद्धतीत भातापासून मिळणाऱ्या उत्पन्नापेक्षा माशांचे उत्पादन अधिक असु शकते.

## ५.३.७ तण, शिकारी व तण माशांचे उच्चाटन आणि खाते:

खड्डे व भाताच्या शेतातील तण हाताने काढले जातात. शिकारी व तणमाशांना जाळी वापरून किंवा तलावातील पाण्याचा निचरा करून काढावे लागते. शिकारी आणि तण मासे नष्ट करण्यासाठी मोहुआ ऑइल केक २५० पीपीएम मात्रेने दिला जाऊ शकतो.

तण व भक्षक प्राणी साफ केल्यानंतर खते द्यावी लागतात. गायीचे शेणखत ५००० किलो/हेक्टर, अमोनियम सल्फेट ७० किलो/हेक्टर व सिंगल सुपरफॉस्फेट ५० किलो/हेक्टर या दराने संगोपन कालावधीत समान हप्त्यांमध्ये द्यावे.

## ५.३.८ माशांचे खाद्य:

भात-सह-कार्प संवर्धनात माशांच्या शरीराच्या वजनाच्या ५% दराने १:१ या प्रमाणात माशांना भाताचा कोंडा व भुईमूग पेंड असलेले पूरक खाद्य दिले जाते.

## ५.३.९ मासे व भात पीकाची काढणी:

भात काढणीसाठी भाताचे शेत काढणीपूर्वी आठवडाभर कोरडे ठेवावे, जेणेकरून भाताचे बियाणे चांगले परिपक्व होऊन कोरडे होतील. या भाता सह मत्स्यशेतीमधून आपणाला हेक्टरी ३५०० ते ४५०० किलो भात पीक मिळते. या शेतीत भात काढणीपूर्वी माशांची काढणी करण्याचा सल्ला दिला जातो.

पाण्याचा निचरा केल्याने मासे खड्ड्यात किंवा खंदकात गोळा होतात आणि नंतर जाळीने  बाहेर काढली जाऊ शकतात.

माशांचा योग्य आकार प्राप्त झाल्यानंतर अंशत: किंवा पूर्णतः काढणी ड्रॅग जाळीद्वारे केली जाते. या एकात्मिक पद्धतीत हेक्टरी ७०० ते १००० किलो पर्यंत मत्स्योत्पादन मिळते आणि मासे जगण्याचा दर ६० % पर्यंत पोहोचू शकतो. भाताच्या शेताप्रमाणेच गव्हाबरोबरही माशांचे संगोपन करता येते. मध्य प्रदेशात ही प्रथा आढळते. भाताच्या शेताप्रमाणेच गव्हाच्या शेतातही कटला, रोहू, मृगल, तिलापिया, कॉमन कार्प, अनाबास, मागुर, जिताडा आणि मुगिल या माशांच्या प्रजातीचे संवर्धन केले जाते.

# ५.४ ॲक्वापोनिक्स

सध्या, जगाची लोकसंख्या लक्षणीय वेगाने वाढत आहे, त्यामुळे शेवटी अन्नाची मागणी वाढते. अन्नाच्या वाढत्या मागणीची पूर्तता करण्यासाठी जमीन आणि पाणी यासारख्या उपलब्ध स्त्रोतांवर लक्षणीय ताण पडत आहे. म्हणून, उपलब्ध संसाधनांची हानी न करता जास्तीत जास्त शाश्वत उत्पादन काढण्यासाठी तंत्रज्ञान आणि संवर्धन पद्धती विकसित करणे आवश्यक आहे. भूक आणि गरिबीवर मात करण्यासाठी चांगल्या दर्जाच्या अन्न पुरवठ्यासाठी पर्यायी आणि विश्वासार्ह संवर्धन पद्धतीची नितांत गरज आहे. मत्स्यपालन हे सर्वात वेगाने वाढणारे क्षेत्र असून मौल्यवान प्राणी प्रथिनांची जागतिक गरज पूर्ण करण्यासाठी कृषी क्षेत्राला सहाय्य करते. परंतु सर्वच मत्स्यपालन उत्पादन तंत्र हे पर्यावरण पूरक व आर्थिकदृष्ट्या सक्षम नसतात. या करीता ॲक्वापोनिक्स (Aquaponics) हा एक उत्तम पर्याय उपलब्ध आहे.

## ५.४.१ ॲक्वापोनिक्स म्हणजे काय?

मत्स्य संवर्धनासोबत हायड्रोपोनिक्स (माती-रहित शेती) शेतीचे एकत्रीकरण म्हणजे ॲक्वापोनिक्स होय. याला सोप्या शब्दात भाजीपाला आणि मासे ह्याचे एकत्रित संगोपन असेही म्हणता येईल. ॲक्वापोनिक्स मध्ये फळझाडे, भाज्या आणि मासे ह्यांच्या एकमेकांना पूरक अशया रचनेतून शाश्वत पद्धतीने शेती करणे शक्य होते. ॲक्वापोनिक्स ही आर्थिकदृष्ट्या व्यवहार्य शाश्वत आणि पर्यावरणास अनुकूल अन्न उत्पादन प्रणाली आहे. विशेषत: जेथे जमीन आणि पाण्याचे स्रोत मर्यादित आहेत अशा ठिकाणी ॲक्वापोनिक्स सोइचे जाते. ॲक्वापोनिक्स मध्ये एका जैविक शेती मधील टाकाऊ उत्पादने दुसऱ्या जैविक

शेतीसाठी पोषक म्हणून काम करतात. ॲक्वापोनिक्स मध्ये, फिश टाक्यामधील पोषक कचरा हा हायड्रोपोनिक उत्पादनासाठी म्हणजेच भाज्या आणि फळे वाढवण्यासाठी वापरला जातो.

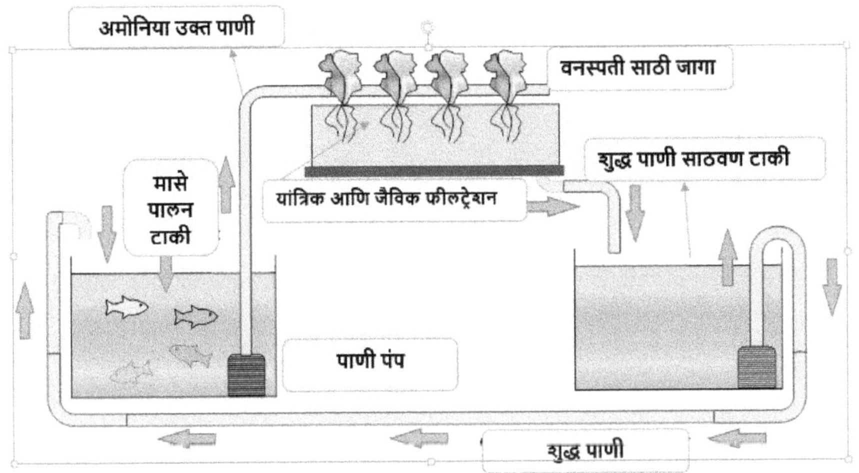


**आकृती ५.४.९: ॲक्वापोनिक्स मत्स्य संवर्धन प्रणाली**

'ॲक्वापोनिक्स' मध्ये अन्नद्रव्यांच्या नैसर्गिक 'चक्राचा' वापर करून फळेझाडे व भाजाच्या वाढीसाठी आवश्यक असणारे सर्व घटक पुरवता येतात. या प्रणालीत पाण्याचाही पुनर्वापर केला जातो. त्यामुळे कमी जागेत आणि कमीतकमी संसाधनांचा उपयोग करून जास्त उत्पन्न मिळवता येतो. ॲक्वापोनिक्स मध्ये अनैसर्गिक किवा रासायनिक खतांचा वापर होत नसल्याने ही एक 'सैंद्रीय शेती' आहे. ह्या पद्धतीचा उपयोग करून कमी खर्चात मस्त्यशेती सोबत माती रहित भाजीपाला व फळझाडे शेती करता येते. मस्त्यशेतीच्या रूपात शेतकर्‍यांना प्रथिने युक्त मासे आणि हायड्रोपोनिक्स मधून सैंद्रीय फळे व भाजीपाला मिळतो. ॲक्वापोनिक्सचा उपयोग करून कमी खर्चामध्ये अधिकाधिक उत्पन्न मिळवता येऊ शकते. त्याचबरोबर, शहरी भागात जीथे कमी जागेची समस्या असेल अशा ठिकाणी गच्चींवर, पारस बागेत ही प्रणाली बसवता

येते. 'ॲक्वापोनिक्स' अन्न उत्पादन प्रणालीचे फायदे व कमतरता खालील प्रमाणे आहेत-

## ५.४.२ 'ॲक्वापोनिक्स' अन्न उत्पादन प्रणालीचे फायदे:

१. ही एक शाश्वत, आर्थिकदृष्ट्या व्यवहार्य आणि सदन अन्न उत्पादन प्रणाली आहे.

२. ही एक बहुउत्पादक प्रणाली असून मासे व भज्यांचे उत्पन्न मिळते.

३. कमीत कमी जागेचा आणि पाण्याचा वापर करून उत्पन्न शक्य आहे.

४. या प्रणालीत फळे व भाजीपाला उत्पादनासाठी मातीची आवशकता लागत नाही.

५. ॲक्वापोनिक्स प्रणालीत रासायनिक खते आणि कीटकनाश यांचा वापर टाळून सेंद्रिय अन्न निर्मिती होते.

६. ही प्रणाली उच्च दर्जाच्या पोषक तत्वांनी युक्त हिरव्या भाज्या, फळे, मासे इत्यादींचे उत्पादन करू शकते.

७. प्रणालीत नियंत्रण असल्यामुळे नुकसान होण्याची शक्यता कमी असते.

८. ही एक इको-फ्रेंडली प्रणाली असून तिचा पर्यावरणावर कोणतेही वाईट परिणाम होत नाही.

९. कुटुंबातील कोणताही व्यक्ती साधारण प्रशिक्षण घेऊन प्रणालीचे व्यवस्थापन करू शकतो.

१०. ॲक्वापोनिक्स युनिट हे शेती उपलब्थ नसल्यास बाल्कनीत, छतावर, पारस बागेत इ. ठिकाणी प्रस्थापित केले जाऊ शकते.

११. ॲक्वापोनिक्स साठी आवशक असणारी माहिती आणि साहित्य उपलब्ध आहे.

### ५.४.३ 'ऑक्वापोनिक्स' अन्न उत्पादन प्रणालीची कमतरता:

१. मातीतील भाजीपाला उत्पादनाच्या तुलनेत 'ऑक्वापोनिक्स' प्रणालीचा प्रारंभिक खर्च जास्त आहे.

२. 'ऑक्वापोनिक्स' शेतकऱ्याला मासे, बॅक्टेरिया आणि वनस्पती यासंबंधीचे ज्ञान असणे आवश्यक आहे.

३. यात मासे व वनस्पती यांचे संतुलित एकीकरण नेहमीच शक्य नसते.

४. ऑक्वापोनिक्सचे यश केवळ मासे आणि वनस्पतींच्या इष्टतम पाण्याच्या गुणधर्मावर अवलंबून असते.

५. 'ऑक्वापोनिक्स' प्रणाली मध्ये पाणी फिरवण्याकरीता उर्जेची व अखंडित वीज पुरवठा असणे आवश्यक आहे.

### ५.४.४ ऑक्वापोनिक्स मधील जैविक घटक आणि त्याचे संतुलन:

अॅक्वापोनिक्स ही मुख्य करून नत्र-चक्रावर आधारलेली संकल्पना आहे. माशांच्या खाद्यामध्ये मोठ्या प्रमाणावर प्रथिने असतात. त्यामुळे मस्यशेतीमध्ये माशांची विष्ठा आणि शिल्लक राहिलेले खाद्य ह्यामुळे पाण्यातील अमोनियाचे ($NH_3$) प्रमाण वाढत जाते. हा अमोनिया ०.५ ppm पेक्षा जास्त झाल्यास माशांची वाढ कमी होते व मरतुक ही संभावतो. परंतु, जास्त अमोनिया असलेले पाणी झाडांच्या मुळामधून फिरवल्यास, ह्या पाण्यातील अमोनियाचे रूपांतर नायट्रोसोमोनस (Nitrosomonas), नायट्रोबॅक्टर (Nitrobacter) बॅक्टेरियाच्या सहजीवनातून सुरुवातीला नायट्राईट ($NO_2$) आणि पुढे नायट्रेट ($NO_3$)मध्ये रुपांतरीत होते. तयार झालेले नायट्रेट ($NO_3$) हे फळझाडांसाठी व पाले भाज्या करिता उत्कृष्ट खत म्हणून काम करते. तसेच हा नायट्रेट ($NO_3$) माशांसाठी अमोनिया इतका घातकही नसतो. अमोनिया काढून घेतलेले असे

शुद्ध पाणी माशाच्या संवर्धनासाठी वापरले जाते. असे नायट्रोजन चक्र या प्रणालीत असते. तसेच, माशांच्या विष्टेतील इतरही अन्नघटक वनस्पती आपल्या वाढीसाठी वापरतात.

## ५.४.५ जागेची निवड:

ॲक्वापोनिक्स साठी जागेची निवड मुख्यत्वे सूर्यप्रकाश, वारा, पाऊस, सरासरी तापमान, शेडची संरचना इत्यादीवर अवलंबून असते. घरामागील अंगण, बाल्कनी, रूफटॉप हे घरगुती किंवा लहान ॲक्वापोनिक्स युनिटसाठी योग्य असते. व्यावसायिक युनिटसाठी यासोबत बाजारपेठ जवळील जमिनीची निवड करणे आवशक असते.

## ५.४.६ ॲक्वापोनिक्सचे प्रकार:

वनस्पती वाढविण्याच्या तंत्रावर आधारित ॲक्वापोनिक्स प्रणालीचे तीन मुख्य प्रकार आहेत.

## ५.४.६.१ मीडिया बेड ॲक्वापोनिक्स:

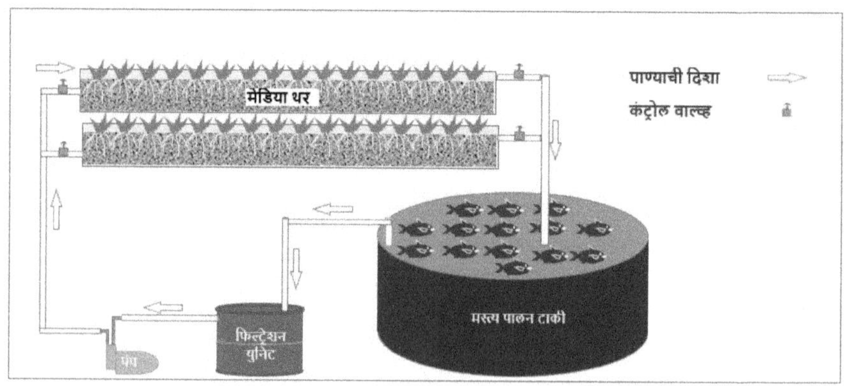


आकृती ५.४.२: मीडिया बेड ॲक्वापोनिक्स

या प्रणाली मध्ये फळझाडे आणि पालेभाज्या थरामध्ये वाढतात. यातील थर मजबूत जड पदार्थांपासून बनलेले असून त्यांची खोली ३० सेमी असते. हा

थर वेगवेगळ्या जीवांची वाढ प्रोस्ताहित करून पाण्याची यांत्रिक व जैविक गाळण करते.

## ५.४.६.२ पोषक फिल्म तंत्र (NFT) ॲक्वापोनिक्स:

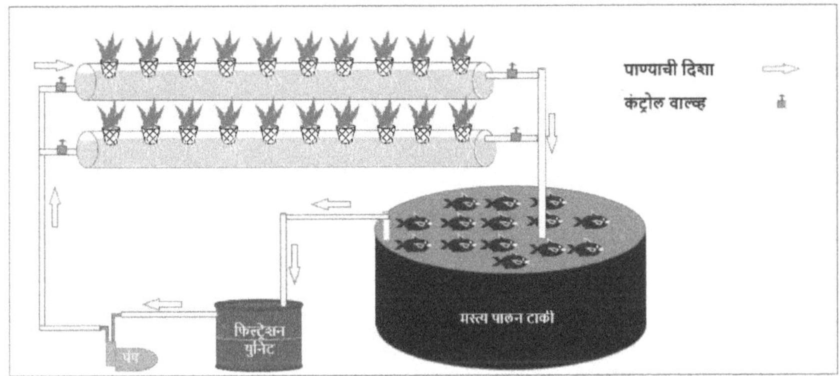


आकृती ५.४.३: पोषक फिल्म तंत्र (NFT) ॲक्वापोनिक्स

या युनिट मध्ये, फळझाडे आणि पालेभाज्या ह्या पाईप मधील पाण्याच्या प्रवाहामध्ये वाढविले जातात. झाडांच्या योग्य वाढीसाठी, १ ते २ लिटर/मिनिट पाण्याच्या प्रवाहाचा दर राखला जातो.

## ५.४.६.३ डीप वॉटर कल्चर (DWC) ॲक्वापोनिक्स:

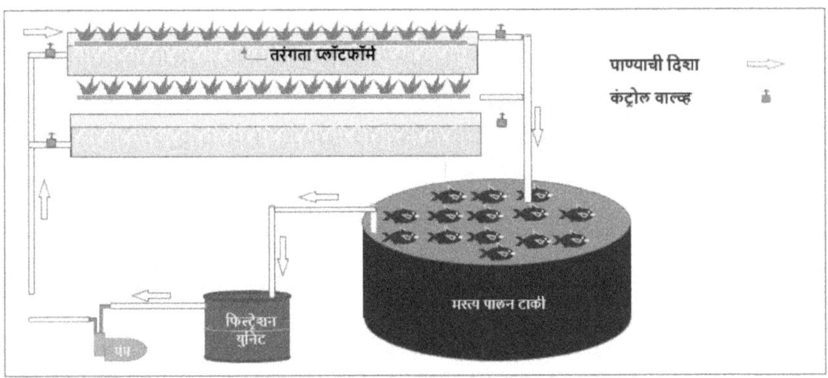


आकृती ५.४.३: डीप वॉटर कल्चर (DWC) ॲक्वापोनिक्स

याला राफ्ट पद्धत किंवा फ्लोटिंग सिस्टीम म्हणून ही ओळखले जाते. या प्रणालीत वनस्पतीचे संवर्धन पाण्याच्या टाकीच्या वर फ्लोटिंग राफ्ट तयार करून केले जाते.

## ५.४.७ प्रजातींची निवड:

ॲक्वापोनिक्ससाठी वनस्पती तसेच मत्स्य जातीची निवड हा यशाचा एक महत्त्वाचा घटक आहे. मुख्यत्वे त्यांची निवड ही मागणी, बाजारभाव, बिजाणाची उपलब्धता, पोषक घटक आणि रोग प्रतिकारशक्ती वर अवलंबून असते.

## ५.४.७.१ वनस्पती प्रजाती:

संशोधक आणि शेतकरी विविध प्रकारच्या भाज्या, औषधी वनस्पती, फुले आणि लहान झाडे या प्रणालीमध्ये यशस्वीरित्या वाढवतात. भाजीपाला गटात येणारी कोथिंबीर, तुळस, पुदिना, गहू घास, पालक इत्यादी वनस्पती तर फळ वर्गात येणारे टोमॅटो, भोपळी मिरची, काकडी, मिरची इत्यादी वनस्पती या शेतीसाठी योग्य आहेत.

## ५.४.७.२ माशाच्या प्रजाती:

उत्कृष्ट वाढीचा दर, पर्यावरणीय मापदंडांना व्यापक सहनशीलता, जसे की तुलनेने कमी प्राणवायू पातळी, खराब पाणी गुणवत्ता आणि रोग प्रतिकारक क्षमता असलेल्या माशांच्या जाती ॲक्वापोनिक्ससाठी आदर्श मानल्या जातात. तिलापिया, कॉमन कार्प, सिल्व्हर कार्प, ग्रास कार्प, बारामुंडी, पर्च, कॅटफिश, ट्राउट, सालमन, बास, शोभेचे मासे तसेच इतर कवचधारी आणि मृदुकाय मासे या संवर्धनासाठी सर्वात योग्य आहेत.

## ५.४.८ ॲक्वापोनिक्समध्ये संवर्धन आणि काढणी व्यवस्थापन:

पाण्याची गुणवत्ता, वनस्पती आणि माशांचे व्यवस्थापन योग्यरित्या या प्रणालीत केले जाते.

## ५.४.८.१ पाण्याची गुणवत्ता:

माशांच्या चांगल्या वाढीसाठी फिश टँक मधील पाण्याची गुणवत्ता ही चांगली असणे गरजेचे आहे. ॲक्वापोनिक्सचे यश हे मासे, भाजीपाला आणि जीवाणू यांच्या निरोगी परिसंस्थेशी संबंधित असते. पाण्याच्या गुणवत्तेचे नियमितपणे निरीक्षण करणे आवश्यक आहे.

## ५.४.८.२ वनस्पतीचे व्यवस्थापन:

या प्रणालीत नायट्रेट्स आढळल्यानंतर रोपांची लागवड करावी. सर्वसाधारणपणे, प्रणालीमध्ये पोषक तत्त्वे तयार झाल्यानंतर वनस्पती रोपांची वाढ जलद होते. ॲक्वापोनिक्समध्ये आपण भाजीपाल्याची सतत कापणी किंवा संपूर्ण कापणी ही करू शकतो.

## ५.४.८.३ माशाचे व्यवस्थापन:

या प्रणालीत माशांना पोषक कृत्रिम खाद्य देण्याची शिफारस केली जाते. साधारण चांगल्या वाढीसाठी शाकाहारी किंवा सर्वभक्षी माशांना ३२ % प्रथिने असलेले खाद्य देणे आवश्यक आहे, तर मांसाहारी माशांना ३२% पेक्षा जास्त प्रथिने असलेले खाद्य देणे आवशक आहे.

ॲक्वापोनिक्समुळे साधारणत: दोन गुंठे शेतातून वर्षाला एक ते दीड लाख रुपयाचे उत्पन्न मिळते. पावसाच्या पाण्यावर अवलंबून असणाऱ्या शेतकऱ्यांसाठी शेतीची ही पद्धत अधिक किफायदेशीर ठरू शकते.

## ५.५ बायो-फ्लॉक प्रणाली (BFT) वापरून मत्स्यसंवर्धन

बायो-फ्लॉक हे प्रामुख्याने परपोषी जीवाणू (हेटरोट्रॉफिक बॅक्टेरिया), शैवाल (डायनोफ्लॅजेलेट्स आणि डायटम), बुरशी, सिलिएट्स, फ्लगेलेट्स, रोटिफर, निम्याटोड, मेटाझोन आणि डेट्रिटस यासारख्या फायदेशीर सूक्ष्मजीवांचे मिश्रण असते. यामध्ये स्वयंपोषी (ऑटोट्रॉफिक) आणि विनत्रकारी (डीनायट्रिफाइंग) जीवाणूपेक्षा प्रामुख्याने परपोषी जीवाणू असल्याने कार्बन ते नायट्रोजन (सी:एन) गुणोत्तर उच्च राखून, याला नियंत्रित केले जाऊ शकते.

बायो-फ्लॉकचा आकार ५०-२०० मायक्रॉन असतो. यामधील सूक्ष्मजीव व पदार्थ श्राव, तंतू किंवा इतर स्थिरविद्युत आकर्षणाद्वारे एकमेकांना बांधले जावून समूह तयार होतो. अशाप्रकारे तयार झालेले बायो-फ्लॉक हे प्रथिनयुक्त जिवंत खाद्य म्हणून काम करते. माशांची विष्ठा, मल-मुत्र विसर्जन, उरलेले खाद्य व इतर बाबींमुळे पाण्यामध्ये येणारे नत्र व इतर घटकद्रव्यांचा वापर करून बायो-फ्लॉक ची वाढ होते. बायो-फ्लॉक हे माशांचे खाद्य म्हणून वापरले जाते. त्यामुळे पाण्यातील टाकाऊ घटकांपासून वाढणाऱ्या बायो-फ्लॉकमुळे माशांना प्रथिन युक्त खाद्य मिळते व पाणी देखील स्वच्छ होते. बायो-फ्लॉक मध्ये २५-५० % प्रथिन व ०.५ - १५ % स्निग्ध असून वेगवेगळे विटामिन ही असतात.

बायोफ्लॉक व पेरिफायटोन यांच्या संयोजनात (बीपीटी) नैसर्गिक उत्पादन आणि पर्यायाने उत्पादकता वाढवते. बायोफ्लॉक प्रणालीतील पाण्याच्या कमीत कमी देवाणघेवाणीच्या सुविधेमुळे संवर्धन तलावातील रोगजंतूंचे बहिष्करण/ अपवर्जन देखील सुधारते.

बायो-फ्लॉक प्रणाली (बीएफटी) उच्च घनता आणि जैवसुरक्षिततेस समर्थन देते, पाण्याची देवाणघेवाण नसतानाही पाण्याची गुणवत्ता राखते, नायट्रोजनचा जास्तीत जास्त खाद्याच्या स्वरूपात वापर करते आणि यामुळे आर्थिकदृष्ट्या व्यवहार्य असलेली प्रणाली तयार करते. पाण्यातील कार्बनः नायट्रोजन (सी : एन) गुणोत्तरामध्ये फेरफार करून परपोषी जिवाणूंचे दाट समुदाय विकसित केल्याने प्रणालीमध्ये शेवाळा ऐवजी जिवाणूंचे वर्चस्व बनते आणि त्याठिकाणी होणाऱ्या जैविक अवनती (बायोरेमेडिएशन) मुळे पाण्याची गुणवत्ता राखली जाते. याबरोबरच बीएफटी प्रणाली निरोगी मत्स्य संवर्धन प्रणालीची शाश्वती देते, जो रोग प्रतिबंधासाठी एक संभाव्य दृष्टीकोन म्हणून ओळखला जातो.

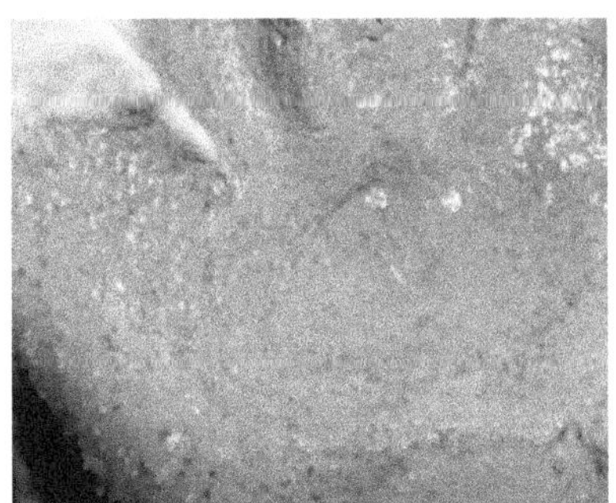

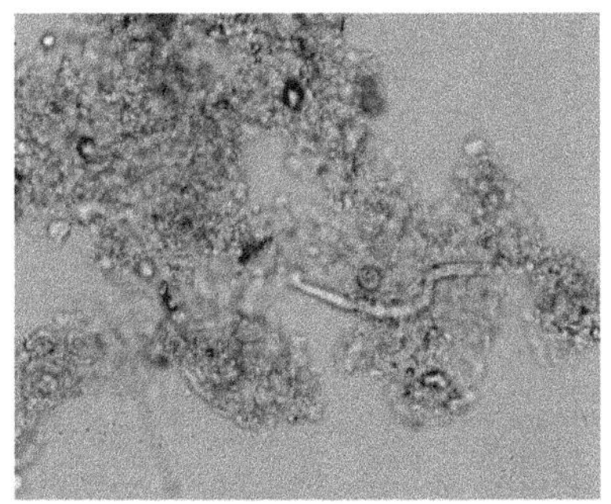
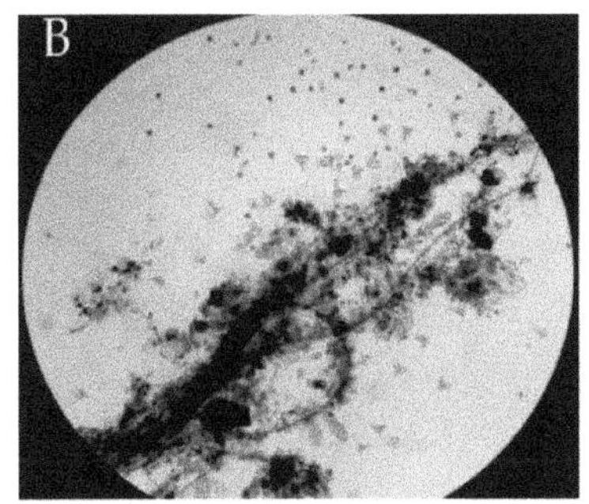

आकृती ५.२: सूक्ष्मदर्शकातून दिसणारे बायोफ्लॉक

## ५.५.१ बायो-फ्लॉक चे फायदे:

१. बायो-फ्लॉक हे माशांचे जिवंत व प्रथिनयुक्त खाद्य म्हणून वापरले जाते.

२. बायो-फ्लॉक पाण्यातील विविध घटकांचा वापर त्यांच्या वाढीसाठी करतात. त्यामुळे पाणी स्वच्छ होते आणि पुन्हा वापरता येते.

३. हि पर्यावरण पूरक प्रणाली असून यामुळे प्रदूषण कमी करण्यास मदत होते.

४. बायो-फ्लॉक हे प्रोबायोटिक म्हणूनही काम करते.

५. या प्रणालीद्वारे जमीन व पाणी यांचा सुयोग्य वापर करून उत्पादन घेण्यात येते.

६. बायो-फ्लॉक हे कमी जागेत व्यवस्थितपणे उभारून वापरता येते.

७. बायो-फ्लॉक प्रणाली मध्ये जगण्याचे वाढीव प्रमाण, वाढीव खाद्य परिवर्तन (FCR) व चांगली वाढ यामुळे वाढीव उत्पादन मिळते.

८. यामध्ये पूरक खाद्य कमी लागते व त्यामुळे पैश्याची बचत होते.

## ५.५.२ बायो-फ्लॉक मध्ये संवर्धनासाठी उपयुक्त मत्स्य प्रजाती:

बायो-फ्लॉक प्रणाली मध्ये संवर्धनासाठी अशा मत्स्य प्रजातींचे संवर्धन करणे सोयीस्कर ठरते ज्या बायो-फ्लॉकचे सेवनाने पोषण व वाढ करू शकतात. या बरोबरच या मत्स्य प्रजातींनी पाण्यामध्ये असलेले अधिकचे घन पदार्थ व कमी झालेली पाण्याची गुणवत्ता याला सहनशील असणे गरजेचे असते. बायो-फ्लॉक प्रणालीमध्ये उपयुक्त ठरणाऱ्या काही प्रजाती पुढीलप्रमाणे आहेत:

१. शिंघी मासा (*Heteropneustes fossilis*)

२. मागुर मासा (*Clarias batrachus*)

३. पबदा (*Ompok pabda*)

४. अनाबास/ कोई (*Anabas testudineus*)

५. पंगास (*Pangasianodan hypophthalmus*)

६. कॉमन कार्प (*Cyprinus carpio*)

७. रोहू (*Labeo rohita*)

८. तिलापिया (*Oreochromis niloticus*)

९. मिल्क फिश (*Chanos chanos*)

१०. वेनामी कोलंबी (*Litopenaeus vannamei*)

११. टायगर कोलंबी (*Penaeus monodon*)

### ५.५.३ बायो-फ्लॉक प्रणाली द्वारे मत्स्य संवर्धन करण्यासाठी संरचना:

बायो-फ्लॉक प्रणाली वापरून मत्स्य संवर्धन करण्यासाठी उपलब्ध असलेली छोटीशी जागा, जसे कि परसबाग, घराचे अंगण, छत, बाल्कनी, इत्यादी, वापरली जावू शकते. यामध्ये माशांची साठवणूक करण्यासाठी टार्पोलीन, फायबर किंवा जास्त घनतेचे पोलिथीन (HDPE)ची टाकी वापरली जाते. या टाकीचा व्यास ४ मी व १.५ मी उंची असून या टाक्यांची पाणी साठवण क्षमता साधारणपणे १५००० लिटर असते. या संवर्धन टाक्यांतील पाण्यात मुबलक प्रमाणात व निरंतर हवाचा पुरवठा (एरेशन) करण्यासाठी खास व्यवस्था केलेली असते. या बरोबरच या टाक्यांवर शेडची ही व्यवस्था केलेली जाऊ शकते. बायो-फ्लॉक प्रणाली द्वारे मत्स्य संवर्धन करताना सामान्यतः ७-८ संवर्धन टाक्यांचा संच वापरला जातो. परंतु टाक्यांची संख्या हि उपलब्ध जागा, गुंतवणूक व संसाधने यानुसार बदलण्यात येते.

## ५.५.४ बायो-फ्लॉक प्रणाली द्वारे मत्स्य संवर्धन:

बायोफ्लॉक प्रणाली वापरून मत्स्य संवर्धन करण्यासाठी योग्य प्रमाणात बायोफ्लॉक तयार करणे गरजेचे असते. यासाठी बायोफ्लॉकचे छोट्या भांड्यात किंवा टब वापरून संरोप (इनॉकुलम) बनवले जाते. सामान्यतः १५००० लिटर ताज्या पाण्यात बायोफ्लॉक निर्मितीसाठी १५० लिटर इनॉकुलम गरजेचे असते. बायोफ्लॉकचे इनॉकुलम बनवण्यासाठी प्रामुख्याने खालील पद्धतींचा अवलंब केला जातो.

## ५.५.४.१ बायोफ्लॉकचे संरोप (इनॉकुलम) तयार करणे:

### इनॉकुलम तयार करण्यासाठी पद्धत-१:

१. एक स्वच्छ टब घेऊन त्यामध्ये १३० लिटर पाणी घेतले जाते. पाण्यामध्ये हवेचा जोमदार पुरवठा (एरेशन) केला जातो.

२. या पाण्यामध्ये संवर्धन तलाव/ टाकी मधील २० लिटर पाणी टाकले जाते.

३. यामध्ये ३० ग्रॅम गुल, गव्हाचे पीठ किंवा साबुदाणा पीठ हे कार्बनचा स्रोत म्हणून वापरले जाते.

४. त्यानंतर १० ग्रॅम प्रोबायोटिक यामध्ये टाकले जाते व त्याची एकूण घनता $10 \times 10^9$ सीएफयु/ ग्रॅम ठेवली जाते.

५. वरील मिश्रण पाण्यामध्ये व्यवस्थित मिसळून त्यामध्ये योग्य प्रमाणात हवाचे पुरवठा (एरेशन) केला जातो

६. साधारणपणे २४-४८ तासांत टबमध्ये योग्य प्रमाणात इनॉकुलम तयार होते.

७. तयार झालेले बायोफ्लॉक इनॉकुलम संवर्धन टाक्यांमध्ये टाकले जाते.

**इनॉकुलम तयार करण्यासाठी पद्धत-२:**

१. एक स्वच्छ टब घेऊन त्यामध्ये १५० लिटर पाणी घेतले जाते. पाण्यामध्ये हवेचा जोमदार पुरवठा (एरेशन) केला जातो.

२. या पाण्यामध्ये ३ किलो तलावाची माती टाकली जाते.

३. त्यानंतर ३० ग्रॅम गुळ, गव्हाचे पीठ किंवा साबुदाणा पीठ हे कार्बनचा स्रोत म्हणून टाकले जाते. सोबत १.५ ग्रॅम अमोनिअम सल्फेट किंवा युरिया वापरला जातो.

४. वरील मिश्रण पाण्यामध्ये व्यवस्थित मिसळून त्यामध्ये योग्य प्रमाणात हवाचे पुरवठा (एरेशन) केला जातो

५. साधारणपणे २४-४८ तासांत टबमध्ये योग्य प्रमाणात इनॉकुलम तयार होते.

६. तयार झालेले बायोफ्लॉक इनॉकुलम संवर्धन टाक्यांमध्ये टाकले जाते.

व्यवस्थितपणे तयार झालेले बायोफ्लॉकचे इनॉकुलम हे गढूळ असून पाण्याच्या पृष्ठभाग हा फेसाळ असतो. बायोफ्लॉकची व्यवस्थित वाढ होण्यासाठी पाण्यामध्ये रोज कार्बन स्रोत टाकणे गरजेचे असते. साधारणपणे दिल्या जाणाऱ्या प्रति १ किलो खाद्यामागे ६०० ग्रॅम कार्बन स्रोत प्रणालीमध्ये टाकला जातो, जेणेकरून प्रणालीमधील कार्बन : नायट्रोजन (सी : एन) प्रमाण १०:१ राखण्यास मदत होते. बायोफ्लॉक प्रणालीमध्ये सी : एन प्रमाण १० पेक्षा अधिक राखणे महत्त्वाचे असते.

बायोफ्लॉकचे मोजमाप करण्यासाठी इम्होफ (Imhoff) कोन वापरला जातो. इम्होफ (Imhoff) कोनमध्ये बायोफ्लॉकचे पाणी घेऊन त्याला शांत ठेवले जाते जेणेकरून त्यांमधील बायोफ्लॉक तळाजवळ गोळा होईल. तळात गोळा झालेले बायोफ्लॉकचे घनफळ इम्होफ (Imhoff) कोनला असलेल्या खुणांवरून मोजले जाते. बायोफ्लॉकचे या कोनमधील घनफळ १५ -२० मिली प्रति लिटर झाल्यानंतर त्यामध्ये कार्बन स्त्रोत टाकण्याची आवश्यकता नसते.

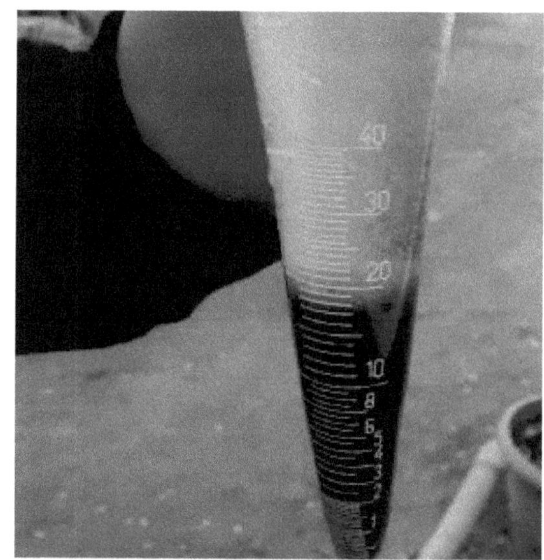

**आकृती ५.२: बायोफ्लॉकचे इम्होफ (Imhoff) कोन वापरून मोजमाप**

**५.५.४.२ बायोफ्लॉक प्रणाली द्वारे मत्स्य संवर्धन:**

बायोफ्लॉक प्रणाली वापरून मत्स्य संवर्धन करण्यासाठी टार्पोलीन, फायबर किंवा एचडीपीइ च्या टाक्या वापरल्या जातात. हि टाकी ४ मीटर व्यास व १.५ मीटर उंची सह एकूण १५००० लिटर पाणी धारण क्षमता असलेली असते. संवर्धन टाक्या योग्य जागी, समतल प्रमाणात व्यवस्थित बसवल्या जातात.

साधारणपणे याप्रकारच्या ७-८ संवर्धन टाक्यांचा संच वापरला जातो. या टाक्यांच्या मध्ये येजा करण्यासाठी योग्य प्रमाणात जागा ठेवली जाते.

या टाक्यांमध्ये पाणी भरून त्यामध्ये निरंतर हवाचे पुरवठा (एरेशन) सुरु केले जातो. या पाण्यामध्ये तयार केलेले व योग्य प्रमाणात वाढ झालेले बायोफ्लॉकचे इनॉकुलम मिसळले जाते. संवर्धन टाकीमध्ये एकूण पाण्याच्या साधारणपणे १% बायोफ्लॉकचे इनॉकुलम टाकणे गरजेचे असते. एका १५००० लिटर क्षमतेच्या संवर्धन टाकीमध्ये १५० लिटर इनॉकुलम टाकणे आवश्यक असते. यानंतर संवर्धन टाकीमध्ये बायोफ्लॉकची वाढ तसेच त्याचे योग्य प्रमाण राखण्यासाठी त्यामध्ये कार्बन स्त्रोत टाकले जातात. संवर्धन टाकीमध्ये बायोफ्लॉकची व्यवस्थित वाढ झाल्यानंतर टाकी मत्स्य बीज साठवणुकीसाठी तयार होते.

संवर्धन टाकीमध्ये मत्स्यबीजाचे प्रमाण हे मत्स्य प्रजाती, मत्स्य बीजाचा टप्पा व संवर्धन कालावधी यावर अवलंबून असतो. तिलापिया माशांचे संवर्धन करण्यासाठी या प्रजातीचे बीज १०० नग प्रति घन मी या प्रमाणात म्हणजेच एका टाकीमध्ये १५०० नग टाकले जातात. याचा संवर्धन कालावधी साधारणपणे ६ महिन्याचा असतो. त्यामुळे वर्षभरात यांचे दोन पिक घेता येतात. या कालावधीत हे मासे सरासरी ५०० ग्रॅम पर्यंत वाढतात.

माशांना योग्य प्रमाणात पूरक खाद्य देणे गरजेचे असते. पूरक खाद्य दिवसातून २-३ वेळा नियमितपणे दिले जाते. माशांची विष्ठा, मुत्रविसर्जन, उरलेले खाद्य इत्यादि मुळे पाण्यातील नायट्रोजन चे प्रमाण वाढते व कार्बन:नायट्रोजन (सी:एन) प्रमाण बिघडते. त्यामुळे पाण्यातील कार्बनचे प्रमाण वाढवण्यासाठी त्यामध्ये कार्बन स्त्रोत मिसळले जातात. यामुळे पाण्यातील

कार्बन:नायट्रोजन (सी:एन) हे प्रमाण योग्य पातळीत (१०:१ पेक्षा अधिक) राखण्यास मदत होते. कार्बन:नायट्रोजन (सी:एन)चे प्रमाण योग्य राखण्यासाठी यामध्ये दिल्या जाणाऱ्या खाद्याच्या प्रमाणात कार्बन स्त्रोत टाकणे गरजेचे असते. सामान्यतः दिल्या जाणाऱ्या खाद्याच्या ६० % कार्बन स्त्रोत म्हणजेच टाकीमध्ये टाकल्या जाणाऱ्या १ किलो खाद्यासाठी ६०० ग्रॅम कार्बन स्त्रोत टाकणे आवश्यक असते. या संवर्धन पद्धतीमध्ये पुक खाद्याचा खाद्य परिवर्तन दर (FCR) खूप चांगला म्हणजेच १:१.२ पर्यंत मिळतो. बायोफ्लॉक प्रणाली संवार्धनामध्ये माशांचे जगण्याचे प्रमाण सरासरी ८० % पर्यंत राहते.

**आकृती ५.३: बायोफ्लॉक प्रणाली द्वारे मत्स्य संवर्धन**

# ५.६ जम्बो कोळंबी संवर्धन

गोडया पाण्यातील कोळंबीचे शास्त्रीय नांव 'मायक्रोब्रेंकिअम रोझनबर्गी' (*Macrobrachium rosenbergii*) असून तिला 'झिंगा' किंवा गोडया पाण्यातील जम्बो कोळंबी या नावाने संबोधले जाते. गोडया पाण्यातील कोळंबी ही समुद्रात सापडणाऱ्या कोळंबी इतकी महत्त्वाची आहे. या कोळंबीचे बीज (४ ते ५ से. मी. लांब) साधारणपणे ८ ते १० महिन्याच्या संवर्धन कालावधीत १०० ते १२० ग्रामपर्यंत वाढते. ही कोळंबी निमखाऱ्या (क्षारता: ० ते १० पीपीटी) पाण्यातही चांगल्या पध्दतीने वाढू शकते. जागतिक बाजारपेठेत या कोळंबीला चांगली मागणी आणि दरही आहे. बीजोत्पादन केंद्रात या जातीच्या बीजाची पैदास करता येते असून उच्च प्रतीचे बीज बाजारात उपलब्ध आहे. या जातीचे कटला, रोहु, मृगल, गवत्या, चंदेरा तसेच कॉमन कार्प इत्यादी माशांबरोबर एकात्मीक संवर्धन करता येते. जम्बो कोळंबी ही 'स्वकुलभक्षक' असून कात टाकते वेळी 'स्वकुलभक्षण' होण्याची शक्यता असल्याने लपण्यासाठी संवर्धन तलावाच्या तळाशी तिच्याकरिता 'हायडर' टाकणे आवश्यक असते.

## ५.६.१ कोळंबीचे बाह्यस्वरूप :

या कोळंबीचे शरीर लांब व निळसर रंगाचे असते. या जातीत नर हा मादीपेक्षा आकाराने मोठा असून त्याच्या पायाची दुसरी जोडी अधिक विकसित झालेली असते. यांचे दोन डोळे शरीराच्या पुढच्या भागात देठावर वसलेले

असतात. डोक्यावरील असणाऱ्या रोस्ट्रमच्या वरच्या भागावर ११ ते १३ तर खालील भागांवर ८ ते ११ काटेरी दात असतात.

## ५.६.२ तलावाची आखणी व बांधकाम:

तलावाचा आकार हा साधारण चौरसाकृती किंवा आयताकृती असावा. लहान आकाराचे तलाव व्यवस्थापनाच्या दृष्टीने सोयीचे असतात. तलावाचे क्षेत्र हे ०.५ ते २.० हेक्टर इतके असावे. तलावात पाण्याची खोली साधारणपणे १.५ ते २.० मी. असावी. या जातीचा संवर्धन कालावधी हा आठ ते दहा महिन्याचा असतो. पाणी किंचीत क्षारतेचे असले तरी चालते. तळ्यातील पाण्याचा निचरा होण्यासाठी योग्य रीतीने इनलेट कडून आऊटलेट कडे उतार असावा लाहतो. तलावाचे बांध पुराचे पाणी आत शिरणार नाही अशा रीतीने पक्के बाधलेले असून ते रूंद असावेत जेणेकरून गाडीही जाऊ शकेल.

संवर्धन तलावात सोडलेले बीज व वाढलेली कोळंबी यांचे इतर पक्ष्यांपासून संरक्षण करण्यासाठी आणि रोगांचा प्रसार टाळण्यासाठी तलावावर पक्षीरोधक जाळी बसवलेली असावीत. तलावात पाणी सोडतेवेळी कमी मेश साइज असलेल्या जाळीच्या सहाय्याने गाळून सोडले पाहिजे जेणेकरून इतर भक्षक, कीटक, मासे, त्यांची अंडी व इतर कचरा तळ्यात जाणार नाही.

## ५.६.३ संवर्धन तलावाची पूर्वतयारी:

## ५.६.३.१ भक्षक व इतर माशांचे निर्मूलन:

कोळंबीचे पिक घेण्यापूर्वी तलावातील उपद्रवी माशांचा व इतर अपायकारक जंतुचा नाश करणे आवशक असते. भक्षक व इतर माशांचे निर्मूलनासाठी योग्य पद्धत म्हणजे तलाव सुकवणे आणि त्यानंतर नागरणे होय.

तलावातील पाणी काढणे शक्य नसल्यास, यासाठी वारंवार जाळे फिरवून स्पर्धक व उपद्रवी मासे काढून टाकावेत. तसेच, या माशांचा नायनाट करण्यसाठी मोहाची पेंड २००० ते २५०० किलो/ हेक्टर या प्रमाणात वापरावी. मोहाची पेंड तलावात वापरल्यास कमीत कमी १५ दिवसानी तलावात कोळंबी बीजाची साठवण करावी.

## ५.६.३.२ प्लवंग निर्मिती:

कोळंबीचे उत्पादन वाढविण्यासाठी तलावात योग्य जातीच्या वनस्पती प्लवंगाची निर्मिती करणे आवश्यक आहे. तळ्यात प्लवंगाची वाढ होण्यासाठी योग्य प्रमाणात सेंद्रीय व रासायनिक खताची मात्रा देणे आवश्यक आहे. तलात्रातील पाण्याचा सामू ७.० पेक्षा कमी असल्यास चुनखडीची सुद्धा मात्रा द्यावी लागते.

## ५.६.३.३ तलावातील निवारा:

या कोळंबीची जात 'स्वकुलभक्षक' असल्याने मोठया आकाराची कोळंबी लहान आकाराच्या कोळंबीला खाते. 'स्वजातीभक्षण' होत असल्याने या कोळंबीला लपण्यासाठी सुकलेल्या झाडाच्या फांद्या, प्लॅस्टीकचे तुकडे, छ्तावरील तुटलेले कवले, विटांचे तुकडे इ. वस्तू तलावाच्या तळाशी ठेवाव्यात. अशा प्रकारच्या निवाऱ्यामुळे 'स्वभक्षण' प्रमाण घटते.

## ५.६.३.४ पाण्याचे व्यवस्थापन:

यशस्वी कोळंबी संवर्धनासाठी पाण्याचा दर्जा राखणे खूप गरजेचे असते. यासाठी चुना, प्रोबायोटिक किंवा पाणी बदल करणे आवशक असते. कोळंबी संवर्धनासाठी अनुकूल पाण्याचे गुणधर्म खालील प्रमाणे असावेत-

| | |
|---|---|
| क्षारता | - ० ते १० पीपीटी, |
| तापमान | -२५ ते ३२ अंश सेल्सिअस |
| सामू (पी. एच.) | -६.५ ते ७.५ |
| विरघळलेला प्राणवायू | -५ ते ६ पीपीएम |
| पारदर्शकता | - ३५ ते ४० से. मी. |
| पाण्याचा हार्डनेस | - १०० पीपीएम पेक्षा कमी |

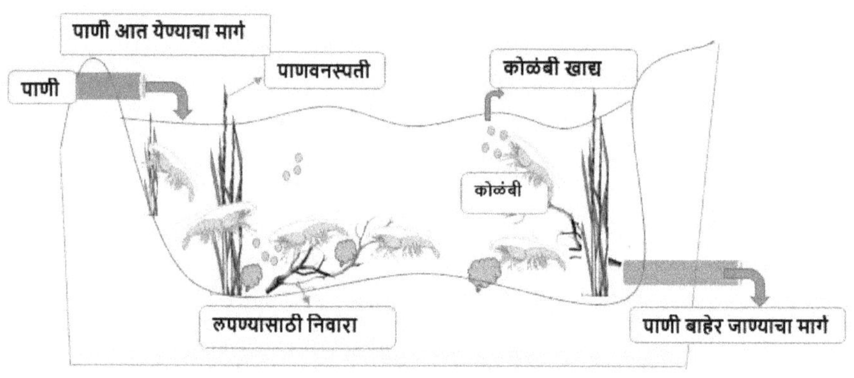


**आकृती ५.६.१: गोडया पाण्यातील कोळंबी संवर्धन**

## ५.६.४ कोळंबी बीज साठवणूक व्यवस्थापन:

खाजगी किंवा सरकारी कोळंबी बीजोत्पादन केंद्रातून साधारणतः सप्टेंबर-ऑक्टोबर महिन्यात कोळंबी बीज उपलब्ध होते. कोळंबी बीजाचा दर साधारण हजारी १००० रुपये असतो. तलावात कोळंबी बीजाची साठवण ही हेक्टरी ३०,००० ते ५०,००० बीज या प्रमाणी केली जाते. या कोळंबीचे बीज

काळपट तपकिरी रंगाचे असते. निरोगी बीज अतिशय चपळ आणि चपळाईने खाद्य खाते. निरोगी बीज तळावर सतत फिरत असून त्याची पोहण्याची दिशा नेहमीं पाण्याच्या प्रवाहाविरूध्द असते. शरिरावर डाग, कचरा, खाद्य न स्वीकारणे हे रोगग्रस्त बीजाचे लक्षण होत.

## ५.६.४.१ कोळंबी बीजाची वाहतूक:

बिजोत्पादन केंद्रापासून कोळंबी बीज हे पॉलिथिनच्या पिशव्यामध्ये भरून त्यांची तलावापर्यंत वाहतूक करणे शक्य आहे.  याकरिता साधारणतः १६ लिटर क्षमतेच्या जाड पॉलिथिन पिशवित बीजासह प्राणवायू भरावा व पिशवी पक्की बंद करून टिनाच्या डब्यामध्ये ठेऊन वाहतुक करावी.

## ५.६.४.२ कोळंबी बीज सोडण्याची पध्दत:

कोळंबीचे बीज असलेल्या पिशव्या उघडून त्यात हळूहळू तलावातील पाणी टाकावे व बीजाला तलावातील पाण्याशी अनुकुलता झाल्यानंतरच ते तलावात सोडावे. कोळंबी बीज हे तलावात साधरण पहाटेच्या वेळी किंवा सायंकाळी सोडावे.

## ५.६.५ कोळंबी बीज साठवणूक नंतरचे व्यवस्थापन :

## ५.६.५.१ खाद्य व्यवस्थापन:

कोळंबी तलावाच्या तळाला राहणारा प्राणी आहे. तळाशी असणारे छोटे किडे, कुजलेले प्राणी व वनपस्ती हे कोळंबीचे आवडते नैसर्गिक खाद्य आहे. तलावात नैसर्गिक खाद्य निर्मिती ही रासायनिक किंवा सैंद्रीय खते वापरून केली जाते. कोळंबीच्या जलद वाढीसाठी तिला पूरक कृत्रिम खाद्य देणेही आवश्यक

आहे. पूरक खाद्य हे तळ्यातील कोळंबीच्या वजनाच्या ३ % दराने दिवसातून दोन वेळा विभागून द्यावे.

## ५.६.५.२ वाढ व काढणी:

कोळंबी संवर्धन तलावाची स्थिती चांगली असेल तर ७० ते ८० % बीज जिवंत राहून वर्षाखेरीस साधारण २.० ते २.५ टन प्रति हेक्टरी कोळंबीचे उत्पन्न मिळू शकते. कोळंबीची काढणी बाजारातील मागणीनुसार अंशतः किंवा पूर्णतः केली जाऊ शकते.

# प्रकरण ६

## बंधाऱ्यातील मत्स्य प्रजनन व बीज उत्पादन

मत्स्य संवर्धनासाठी मत्स्यबीज हा सर्वात महत्त्वाचा घटक आहे. मत्स्य संवर्धनासाठी आपल्या देशातील गोड्या पाण्याचे स्त्रोत खूप आहेत. उपलब्ध जलस्त्रोतांमध्ये मत्स्यशेती करण्यासाठी मोठ्या प्रमाणात मत्स्यबीजांची आवश्यकता भासणार आहे. मत्स्य बीजासाठी नदीपात्र, बंधारे आणि मत्स्य बिजोत्पादन केंद्र (हॅचरी) या स्त्रोतांकडे प्रामुख्याने बघितले जाते.

नदीपात्रातील स्त्रोतातून मत्स्यबीज गोळा करणे ही जुनी पद्धत असून कठीण, खडतर व कष्टप्रद आहे. याद्वारे विविध मत्स्य प्रजातींच्या (आपल्याला हव्या असलेल्या व नको असलेल्या) बीजांचे मिश्रण मिळते. याबरोबरच संकलन केलेल्या मत्स्यबीज संक्रमित असण्याची शक्यताही असते. याउलट मत्स्यबीज निर्मिती केंद्रांमध्ये आवश्यक त्या मत्स्यप्रजातीचे नियंत्रित वातावरणात प्रजनन करून मत्स्यबीज निर्मिती केली जाते. याद्वारे मिळणारे मत्स्यबीज हे केवळ आवश्यक त्या प्रजातीचेच असते व संक्रमित असण्याची शक्यताही कमी असते. त्यामुळे मत्स्यबीज मिळविण्याचा मत्स्यबीज निर्मिती केंद्र हा उत्तम मार्ग आहे. बंधाऱ्यामध्ये माशांना प्रजननासाठी पोषक वातावरण निर्माण करून मत्स्यबीज निर्मिती करणे, ही देखील मत्स्यबीज संकलनाची एक चांगली पद्धत आहे.

६.१ बंधाऱ्यातील मत्स्य प्रजनन व बीज उत्पादन:

माशांच्या लहान पिल्लांचे संकलन व वाहतुक सोपी असल्याने बंदिस्त व नियंत्रित जलस्त्रोतांमध्ये मत्स्य प्रजातींचे प्रजनन करून बीजोत्पादनासाठी

प्राधान्य दिले जाते. परंतु मोठ्या प्रमाणात संवर्धित केल्या जाणाऱ्या भारतीय प्रमुख कार्प्स या प्रजाती बंदिस्त व स्थिर जलस्त्रोतांमध्ये प्रजनन करत नाहीत. साधारणपणे, जून ते ऑगस्ट या नैऋत्य मोसमी पावसाळ्यात पूरग्रस्त नद्यांमध्ये भारतीय प्रमुख कार्प्सचे प्रजनन होऊन पिल्लांची पैदास होते. तलावाच्या बंदिस्त व स्थिर पाण्यात या प्रजातीचे मासे वाढतात व परिपक्क होतात परंतु प्रजनन करत नाहीत. प्रौढ प्रजननक्षम माशांना बंदिस्त व स्थिर पाण्यातून मर्यादित वाहत्या व गढूळ तळ असलेल्या तलावातील पाण्यामध्ये स्थलांतरित केल्यानंतर, जेव्हा चांगल्या प्रमाणात पाऊस पडतो व तापमान कमी होते तेव्हा माशांचे प्रजनन होऊन पैदास होते.

पावसावर अवलंबून असलेल्या हंगामी जलाशयांमध्ये विरघळलेला ऑक्सिजन, प्रकाशा, लाटा, पाण्याचा प्रवाह आणि गढूळपणा अधिक प्रमाणात तर तापमान कमी असते. यामुळे माशांमध्ये ओव्ह्युलेशनला (अंडमोचन) उत्तेजन मिळून प्रजनन होते. मत्स्यबीज निर्मितीसाठी बंधारे ही योग्य ठिकाणे आहेत. बंधाऱ्यांमध्ये पावसाच्या अतिरिक्त पाण्याने नदीपात्रासारखी परिस्थिती निर्माण होऊन माशांमध्ये ओव्ह्युलेशन (अंडमोचन) उत्तेजित होते.

## ६.२ बंधाऱ्यांचे प्रकार :

मत्स्यबीज निर्मिती साठी वापरण्यात येणारे बंधारे हे ओले व कोरडे असे दोन प्रकारचे असतात.

## ६.२.१ ओले (बारमाही) बंधारे :

हे बारमाही बंधारे म्हणूनही ओळखले जातात. हा बंधारा सामान्यत: पाणलोट क्षेत्राच्या संथ उतारावर स्थित असते. पावसात पाण्याची आवक व

निर्गमन यावर नियंत्रण ठेवण्यासाठी उंच जमिनीच्या दिशेने प्रवेशमार्ग आणि विरुद्ध बाजूस असलेल्या खालच्या टोकाला निर्गम मार्ग असतात. ओल्या बंधाऱ्यातील खोलगट भागामध्ये वर्षभर पाणीसाठा असतो आणि याच ठिकाणी प्रजननक्षम माशांचा पुरेसा साठा राखला जातो. पावसात बंधाऱ्याचा बराचसा भाग पाण्याखाली जातो आणि निर्गम मार्गा द्वारे अधिकच्या पाण्याचा निचरा होतो. बंधाऱ्याचा निर्गम मार्गावर बांबूच्या काठ्यांचे कुंपण (स्थानिक भाषेत "छेरा") लावलेले असते जेणेकरून बंधाऱ्यातील मासे बाहेर जाण्याच्या पाण्यासोबत बाहेर जाऊ शकणार नाहीत. बंधाऱ्याचा उथळ भाग (मोनस्) बंधाऱ्यातील माशांचे प्रजनन क्षेत्र म्हणून काम करतात.

जागेनुसार ओले बंधारे वेगवेगळे आकार आणि क्षेत्रफळ असलेले दिसतात. साधारणतः १-२ हेक्टर क्षेत्र व्यापणारे व २०-१०० पट पाणलोट क्षेत्र असलेले तलाव ओले बंधारे मानले जातात. परंतु ओला बंधारा ३०० हेक्टरइतका ही मोठा असू शकतो.

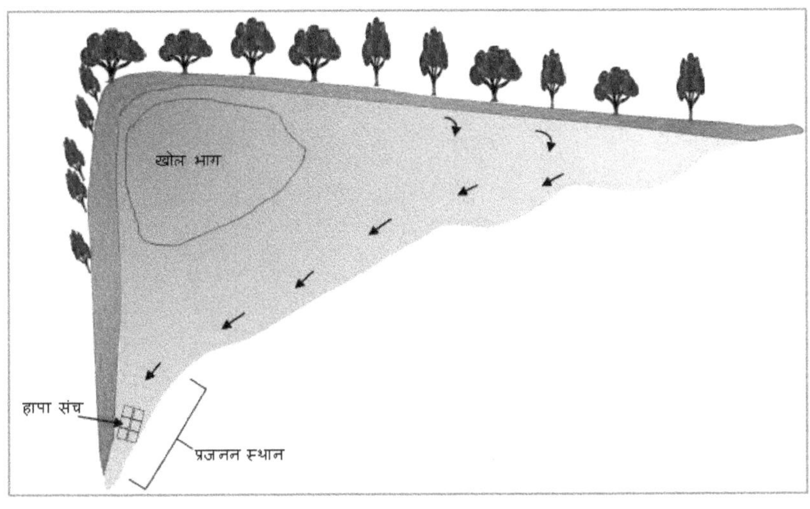


आकृती ६.१ : ओला बंधारा

## ६.२.२ कोरडे बंधारे

कोरड्या बंधाऱ्यात एकच उथळ कुंड/ तलाव असते व पाणलोट क्षेत्र संथ उतारावर असते. वरचा उंच भूभाग पाणलोट क्षेत्र मानला जातो. उथळ कुंड किंवा तलाव तीन बाजूंनी बंधाऱ्यांनी वेढलेला असतो ज्यामुळे पावसाळ्यात पाणलोट क्षेत्रातून येणाऱ्या गोड्या पाण्याचा साठा होतो. निर्गम मार्गावर (आउटलेट) बारीक बांबूचे कुंपण लावून संरक्षित केलेले असते, जेणेकरून बाहेर जाणाऱ्या पाण्यासोबत बंधाऱ्यातील मासे बंधाऱ्याबाहेर निघून जाणार नाहीत. हे कोरडे बंधारे वर्षाचा अधिकतर काळ कोरडे असतात.

**आकृती ६.२: कोरडा बंधारा**

## ६.२.३ आधुनिक बंधारे :

आधुनिक बंधारे साधारणपणे दगडी बांधकाम करून बनवलेली असून यांच्या खोलगट भागात कालवा दरवाजा (स्लुईसगेट) बनवलेले असते

जेणेकरून बंधाऱ्यातील संपूर्ण पाण्याचा निचरा करणे शक्य होते. अतिरिक्त पाणी वाहून जाण्यासाठी एक किंवा दोन सांडावे देखील या बंधाऱ्यामध्ये बनवलेले असतात. सुधारित बंधाऱ्यामध्ये पाणलोट क्षेत्राच्या उतारावर एका पाठोपाठ एक तलाव बांधलेले असतात. बंधाऱ्यातील वरचा तलाव, ज्यामध्ये मान्सूनपूर्व पावसाचे पाणी वरच्या पाणलोट क्षेत्रातून गोळा केले जाते ते "जलाशय" म्हणून कार्य करते. खालच्या भागातील तलाव माशांच्या प्रजननासाठी वापरला जातो त्यामुळे त्याला प्रजनन तलाव म्हणून देखील संबोधले जाते. प्रजनन तलावाच्या खालच्या टोकाला खोल खंदक खोदला जातो जेणेकरून प्रजोत्पादना पूर्वी आणि नंतर प्रजोत्पादक माशांना आश्रय घेता येईल. पाण्याचा प्रवाह सुलभतेने व्हावा यासाठी पाणलोट क्षेत्राच्या उतारावर जलाशय तलाव व प्रजनन तलाव क्रमाने बनवलेले असून पाण्याचा प्रवाह नियंत्रित करण्यासाठी कालवा दरवाजा (स्लुईसगेट) प्रणाली देखील असते. जलाशय तलावात पाणलोट क्षेत्रातून मान्सूनपूर्व पावसाचे पाणी गोळा केले जाते. जलाशय तलावाची पाणी साठवण क्षमता सामान्यत: प्रजनन तलावापेक्षा अधिक असते.

मध्य प्रदेश मध्ये सुधारित रचनेचे विविध कोरडे बंधारे बांधण्यात आले असून त्यांना पक्के बंधारे म्हणून संबोधले जाते. मोगरा येथील शेतकऱ्यांनी सिमेंटचे तलाव तयार केले आहेत. या तलावाचा तळ पक्का असला तरी हळूहळू उतार असलेल्या दोन भागांत विभागलेले असतात. तलावात पाणी भरले की पहिल्या भागात सुमारे एक मीटर तर खालच्या भागात सुमारे दोन मीटर पाण्याची खोली असते. या बंधाऱ्याना मोगरा बंधारा किंवा बांगला बंधारा असे संबोधले जाते. याच्या तळभागात नदीच्या बारीक वाळूचा ६ इंच थर दिला जातो.

### ६.३ बंधाऱ्यातील प्रजनन प्रक्रिया :

### ६.३.१ ओला बंधाऱ्यातील प्रजनन प्रक्रिया :

पावसाळा सुरू होताच पाणलोट क्षेत्रातील पावसाचे पाणी बंधाऱ्यात शिरते. बंधाऱ्यातून जादा पाणी बाहेर पडून पाण्याचा प्रवाह निर्माण होतो. बंधाऱ्याच्या खोल भागात असलेले प्रौढ प्रजननक्षम मासे उथळ भागात स्थलांतर करून तिथे प्रजननास सुरवात करतात.

### ६.३.२ कोरडा बंधाऱ्यातील प्रजनन प्रक्रिया:

मान्सूनपूर्व पावसात पाणलोट क्षेत्रातील पावसाच्या पाण्याने तलाव भरण्यात येतो. त्यानंतर, मासे साठवणूक तलावातील प्रौढ मासे तलावामध्ये प्रजननासाठी आणले जातात. मासे शक्यतो थंड पावसाळ्याच्या दिवसांत प्रजननासाठी आणले जातात. पावसादरम्यान व नंतर बंधारा व पाणलोट क्षेत्रात पावसाचे पाणी साचले की माश्यांचे प्रजनन सुरु होते.

बंधाऱ्यामध्ये कटला, रोहू, मृगळ, कॉमन कार्प, चांदेरा (Silver carp) व गवत्या (Grass Carp) या मत्स्य प्रजातींचे प्रजनन केले जाते. बंधाऱ्यामध्ये माशांचे शुद्ध बीज (इतर मत्स्य प्रजातींच्या बीजाचे मिश्रण नसलेले) तयार करता येते.  याबरोबरच एकदा बंधारे तयार केल्यानंतर त्यामध्ये अनेक वर्ष माशांचे प्रजनन करून बीजनिर्मिती करता येते अधिकाधिक नफा मिळवता यतो.

साधारणपणे, पावसाळ्याच्या आगोदर मे महिन्यात प्रजननक्षम प्रौढ माशांचे संकलन करून साठवण टाकी किंवा तलावामध्ये साठवले जातात. प्रौढ माशांची साठवण करताना नर व मादी मासे वेगवेगळ्या तलावामध्ये ठेवले जातात. बंधाऱ्यामध्ये पाणी साचल्यानंतर, प्रजनन क्षम प्रोढ माशांची निवड

करून त्यांना बंधाऱ्यामध्ये सोडण्यात येते. पूर्वी माशांना बंधाऱ्यात सोडताना माशांची संख्या, प्रजनन परिपक्कता, नर-मादी प्रमाण, इ. या बाबींना फारसे महत्व दिले जात नसे. परंतु सुधारित प्रजनन तंत्रामध्ये माशांची संख्या, प्रजनन परिपक्कता व नर-मादी प्रमाण यावर विशेष लक्ष दिले जाते. पावसाळ्यामध्ये माशांच्या परिपक्क मादी व नर यांचे प्रमाण संख्येनुसार १ : २ (वजनी १ : १) ठेवून बंधाऱ्यामध्ये प्रजननासाठी सोडतात. एका हंगामामध्ये एका पाठोपाठ एक असे सलग ५ वेळेपर्यंत माशांचे प्रजनन करून बिजोत्पादन करता येते.

आधुनिक तंत्रामध्ये माशांच्या मादी आणि नरांच्या काही जोड्यांना पियुष (पिट्यूटरी) ग्रंथी, एचसीजी संप्रेरक (HCG Hormone) किंवा ओव्हाप्राईम (Ovaprime) संप्रेरक यांचे इंजेक्शन देऊन बंधाऱ्यांत सोडण्यात येते. इंजेक्शन दिलेले मासे प्रजननासाठी प्रेरित होतात व त्यांच्या प्रजननामुळे तलावातील इतर मासेही प्रजननासाठी प्रेरित होतात. या पद्धतीला 'सहानुभूती प्रजनन' (Sympathetic breeding) म्हटले जाते. हि पद्धत पश्चिम बंगालमध्ये वापरली जात आहे. या आंशिक संप्रेरके किंवा पियुष ग्रंथीचा अर्क देण्याच्या पद्धतीमुळे माशांच्या प्रजननासाठी मर्यादा घालणाऱ्या पाऊस, तापमान, पाण्याचा प्रवाह यासारख्या बाबींना बगल देता येते. मासे बंधाऱ्यामध्ये साधारणपणे पहाटेच्या वेळी प्रजननास सुरुवात करतात व पूर्ण दिवसभर प्रजनन प्रक्रिया सुरु रहाते. रोहू व मृगळ हे मासे साधारणपणे उथळ पाण्यात (०.५ ते १ मी) प्रजनन करतात तर या तुलनेत कटला मासे प्रजननासाठी अधिक खोलगट पाण्याला प्राधान्य देतात. ओल्या बंधाऱ्यामध्ये वर्षभर प्रौढ माशांचा साठा ठेवता येतो व गरजेनुसार पावसाळ्यापूर्वी नवीन मासे सोडून वाढवता येतो.

पश्चिम बंगालमधील बांकुरा आणि मिदनापूर जिल्ह्यात अवलंबण्यात

आलेल्या सुधारित पद्धतीमध्ये, साठवण तलावातून काही प्रमाणात ताजे पाणी प्रजनन बंधाऱ्यात सोडले जाते. त्यानंतर प्रजननासाठी परिपक्क माशांना प्रजनन बंधाऱ्यात सोडून त्या वातावरणात रुळण्यासाठी १०-१२ तासांसाठी तसेच ठेवले जाते. त्यानंतर बंधाऱ्यातील नर आणि मादी माशांच्या काही निवडक जोड्या बाहेर काढून वेगळ्या मच्छरदाणी जाळीच्या हाप्यामध्ये ठेवल्या जातात. हे हापा त्याच्या चारही कोपऱ्याना खांब लावून पाण्यात स्थिर बसवलेले असतात. हाप्यामधून निवडलेल्या मादी माशाला बाहेर काढून ताज्या पियुष (पिट्यूटरी) ग्रंथीच्या अर्काचे इंजेक्शन (३ मिग्रॅ प्रति किलो या प्रमाणात) पहिला डोस म्हणून दिले जाते व पुन्हा हाप्यामध्ये सोडले जाते. ४-५ तासानंतर मादी माशांना पियुष (पिट्यूटरी) ग्रंथीच्या अर्काचे इंजेक्शन (८ मिग्रॅ प्रति किलो या प्रमाणात) दुसरा डोस म्हणून दिले जाते व त्याच वेळी नर माशांना पियुष (पिट्यूटरी) ग्रंथीच्या अर्काचे इंजेक्शन (३ मिग्रॅ प्रति किलो या प्रमाणात) पहिला डोस म्हणून दिले जाते. यानंतर इंजेक्शन दिलेले नर व मादी मासे प्रजनन बंधाऱ्यामध्ये सोडले जातात. त्याचबरोबर बंधाऱ्याचे दरवाजे उघडून साठवण तलावामधून प्रजनन तलावामध्ये पाणी सोडून अखंड प्रवाह ठेवला जातो.

अशा प्रकारच्या बंधाऱ्यात प्रौढ मासे व पाणी यांची उपलब्धता असल्यास एका हंगामात ५-६ वेळा माशांचे प्रजोत्पादन करता येते. त्याच बंधाऱ्यात पुढील प्रजनन कार्य सुरू करण्यापूर्वी पाण्याचा पूर्ण निचरा करून तो वाळू दिला जातो.

## ६.४ अंड्यांचे संकलन, उबवण व हाताळणी:

बंधाऱ्यामध्ये माशांचे प्रजनन सुरू होताच अंडी गोळा करून उबवण्यासाठी व्यवस्था करण्यात येते. पाण्याची पातळी कमी झाल्यानंतर

नायलॉनच्या किंवा मच्छरदाणीच्या जाळीचा तुकडा, कापड किंवा गमछा वापरून अंडी गोळा केली जातात. सामान्यत: बंधाऱ्यांमध्येच बसवलेल्या दुहेरी हापामध्ये अंडी उबवली जातात. बंधाऱ्यातील, विशेषत: ओल्या बंधाऱ्यातील, सर्व अंडी गोळा करणे अशक्य असते. सुमारे बंधाऱ्यांमधून ७० % अंडी गोळा करता येतात. मध्यप्रदेशात अंडी उबवण्यासाठी बंधाऱ्यांमध्येच बसवलेले दुहेरी हापा किंवा बंधाऱ्याच्या बाजूलाच असलेल्या आयताकृती (२.४ x १.२ x ०.३ मी) उबवण टाक्यांचा वापर केला जातो. मात्र, पश्चिम बंगालमध्ये माशांची अंडी उबवण्यासाठी चिखलाने गिलावा (प्लास्टर) केलेल्या मातीच्या छोट्या खड्ड्यांचा वापर केला जातो. अंडी उबवून पिल्ले बाहेर आल्याच्या साधारणपणे १२ तासांनंतर बारीक जाळीचे मलमल (मस्लीन) कापड वापरून पिल्ले काढली जातात आणि अशाच प्रकारच्या मोठ्या मातीच्या खड्ड्यांमध्ये साठवली जातात. हाप्यामध्ये माशांच्या पिल्लांचे जगण्याचे प्रमाण सुमारे ३५-४० % असते. माशाचे बीज (स्पॉन) सहसा बंधाऱ्याच्या ठिकाणीच विकले जातात.

# प्रकरण ७

# स्ट्रीपिंग द्वारे कृत्रिम फलन

मासे नैसर्गिकरित्या त्यांच्या अधिवासात प्रजनन करून बिजोत्पादन करतात. नद्या, तलाव, जलाशय, बंधारे इत्यादी त्यांच्या नैसर्गिक प्रजोत्पादनाच्या ठिकाणाहून मत्स्यबीज गोळा करण्याचे वेगवेगळे तोटे आहेत.

१. संकलित बियाणे गोळा करणे आणि वाहतूक करणे खर्चिक, कष्टप्रद आणि वेळखाऊ आहे

२. संकलित केलेल्या मत्स्य बीजामध्ये अनावश्यक मत्स्य प्रजातींचे बीज ही मिसळलेले असू शकते. त्यामुळे नको असलेल्या प्रजातींवर खर्च वाढतो.

३. संकलित केलेल्या मत्स्य बीजाचे प्रजाती निहाय विलगीकरण करने अवघड व वेळखाऊ आहे. कधीकधी वेगवेगळ्या प्रजातींच्या बिजामध्ये फरक करणे कठीण असते (विशेषत: सुरुवातीच्या टप्प्यात).

४. आवश्यकतेनुसार मत्स्यबीज उपलब्धत होईलच याची शाश्वती नसते आणि निसर्गावर पूर्णपणे अवलंबून रहावे लागते.

या त्रुटी दूर करण्यासाठी विविध आर्थिकदृष्ट्या महत्त्वाच्या माशांच्या प्रजातींच्या कृत्रिम प्रजननाच्या अनेक पद्धती विकसित करण्यात आल्या आहेत. या पद्धतींमध्ये खास रचना केलेल्या बिजोत्पादन केंद्रांमध्ये (हचेरी) बंदिस्त व नियंत्रित वातावरणात माशांची पैदास केली जाते. कृत्रिम प्रजनन पद्धतींचे फायदे

आहेत-

१.  प्रत्येक माशांच्या प्रजातीची स्वतंत्र पणे पैदास करता येते व त्यामुळे प्रत्येक प्रजातीचे शुद्ध बीज (इतर प्रजातींचे मिश्रण न करता) तयार होते. त्यामुळे नको असलेल्या माशांच्या प्रजातींसोबत मिश्रण होत नाही आणि मत्स्यबीज वेगळे करण्याची ही गरज भासत नाही.

२.  इच्छित माशांच्या प्रजातींचे मत्स्यबीज गरजेनुसार इच्छित प्रमाणात मिळू शकते.

३.  मत्स्यबीज संकलन, ओळख व वाहतुकीसाठी लागणारा खर्च व वेळ वाचवता येतो.

स्ट्रीपिंग (निषेचन) पद्धतीमध्ये परिपक्व प्रौढ माशांचे पोटावर हळुवार मालिश करून त्यांचे जननपेशी (गॅमेट) बाहेर काढले जातात. यामध्ये नर माशामधून शुक्राणू तर मादी माशामधून अंडी बाहेर काढली जातात. माशांच्या स्ट्रीपिंग दरम्यान, माशांच्या ओटीपोटावर अंगठा व बोटाने हळुवारपणे मालिश करून गॅमेट्स (अंडी आणि शुक्राणू) माशांच्या शरीरातून बाहेर काढले जातात. त्यानंतर अंडी आणि शुक्राणू मिसळून अंडी फलनाची प्रक्रिया पूर्ण केली जाते.

कार्प माशांप्रमाने बहुतेक माशांमध्ये अंड्याचे फलन (fertilization) हे माशांच्या शरीराबाहेर होते. प्रजनना दरम्यान मादी व नर माशांच्या पोटावर दाब आल्याने अंडी व शुक्राणू त्यांच्या प्रजनन मार्गातून शरीराबाहेर येतात. माशांच्या शरीराबाहेर पडून पाण्याच्या संपर्कात येताच अंडी व शुक्राणू सक्रीय होतात. संक्रीय शुक्राणू लगेच अंडी फलित करतात. पाण्याच्या संपर्कात आल्याशिवाय अंडी व शुक्राणू सक्रीय होत नाहीत. माशांमध्ये अंड्यांचे फलन

शरीराच्या बाहेर असल्याने त्यांचे गॅमेट (अंडी व शुक्राणू) स्ट्रीपिंग (निषेचन) पद्धतीने सहजरीत्या शरीराबाहेर काढता येवू शकतात. त्यासाठी मासा प्रजननासाठी परिपक्व झालेला म्हणजेच त्याच्यातील गॅमेट (जनजपेशी) ची वाढ पूर्ण झालेली असणे अत्यावश्यक आहे.

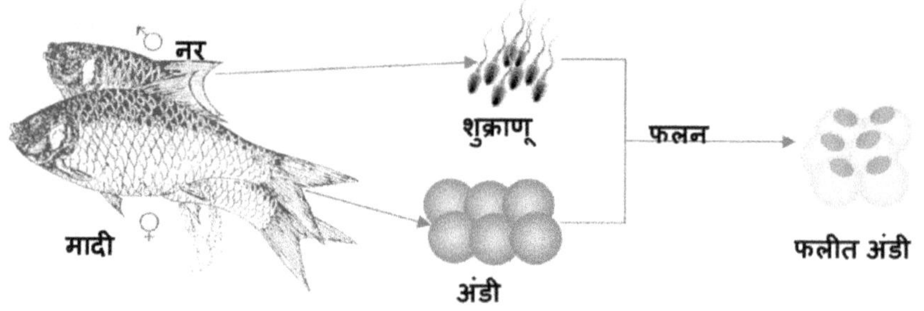


## आकृती ७.१ : माशांमधील प्रजनन व फलन प्रक्रिया

स्ट्रीपिंग (निषेचन) मध्ये प्रामुख्याने दोन पद्धती किंवा प्रकार अवलंबल्या जातात. ओले आणि कोरडे स्ट्रीपिंग (निषेचन). ओल्या स्ट्रीपिंग (निषेचन) पद्धतीमध्ये माशांचे गॅमेट (जनजपेशी) थेट पाण्यात काढले जातात तर कोरड्या स्ट्रीपिंग (निषेचन) पद्धतीमध्ये माशांचे गॅमेट (जनजपेशी) एखाद्या कोरड्या भांड्यामध्ये काढून हळुवारपणे मिसळले जातात व त्यानंतर त्यामध्ये पाणी टाकले जाते.

कोरडे असताना शुक्राणूयुक्त वीर्य जास्त काळ राहू शकते अशी मान्यता असल्याने कोरड्या स्ट्रीपिंग (निषेचन) पद्धतीला सर्वसाधारणपणे जास्त प्राधान्य दिले जाते. ओली स्ट्रीपिंग (निषेचन) पद्धत चिकट अंडी असनाऱ्या माशांमध्ये अधिक अनुकूल असते.

स्ट्रीपिंग (निषेचन) करताना साधारपणे मासा एका हाताने पकडला

जातो आणि दुसऱ्या हाताच्या अंगठ्याने ओटीपोटाला सौम्य मालिश करून गॅमेट (अंडी व शुक्राणू) बाहेर काढले जातात. माशाला पकडताना त्याच्या डोळे व तोंडाचा जास्तीत जास्त भाग हाताने अथवा मऊ कापडाने झाकले जाते जेणेकरून मासा जास्त घाबरून जाणार नाही.

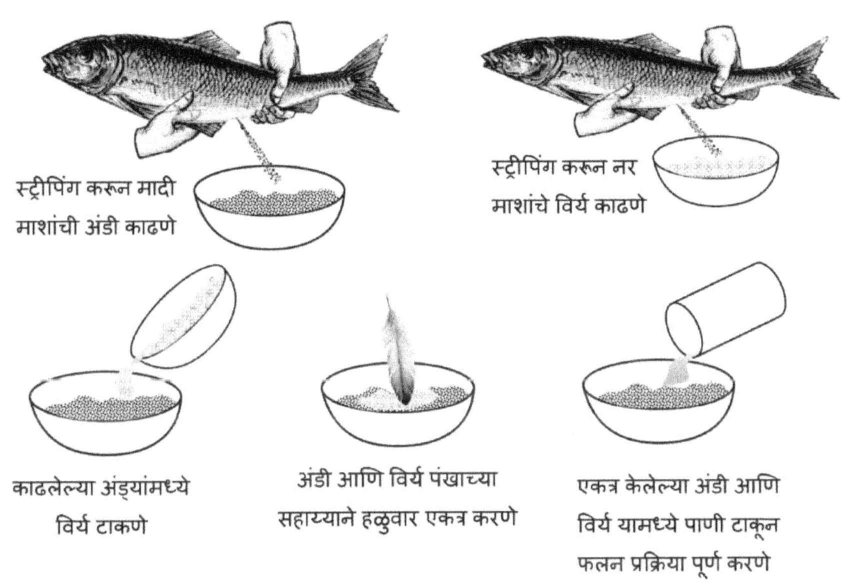


## आकृती ७.२ : माशांचे स्ट्रीपिंग द्वारे कृत्रिम फलन फलन प्रक्रिया

स्ट्रीपिंग (निषेचन) करताना मादीला पाण्याबाहेर काढून टॉवेल किंवा मऊ कपड्याने हळुवार पणे पुसून कोरडे केले जाते. त्यानंतर माशाच्या पोटाला हळुवारपणे मालिश करून अंडी बाहेर काढली जातात. अंडी काढून इनेमल किंवा प्लॅस्टिकच्या ट्रेमध्ये गोळा केली जातात. नर माशाची स्ट्रीपिंग (निषेचन) अशाच पद्धतीने केली जाते आणि दुधासारखे दिसणारे शुक्राणूयुक्त विर्य वेगळ्या प्लॅस्टिकच्या ट्रे किंवा वाटीमध्ये काढून गोळा केले जाते. स्ट्रीपिंग (निषेचन) करताना यामध्ये पाणी पडणार नाही याची काळजी घेतली जाते. त्यानंतर अंडी

व वीर्य एकत्र करून पक्षी पराच्या सहाय्याने व्यवस्थित मिसळले जातात. पक्षाचे पंख वापरल्याने अंड्यांना इजा होण्याची शक्यता कमी होते. अंडी व वीर्य मिसळून झाल्यावर त्यामध्ये पाणी टाकले जाते. पाणी टाकताच अंडी व शुक्राणू सक्रीय होऊन अंड्यांचे फलन पहोते. अतिरिक्त वीर्य, फलन न झालेली अंडी व इतर कचरा काढून टाकण्यासाठी पाण्याने काही वेळा धुतले जाते. त्यानंतर काही काळासाठी (साधारणपणे ३० मिनिटे) शांत पाण्यात तसेच राहू दिले जातात. यानंतर अंडी उबवण करण्यासाठी योग्य उबवण टाकी किंवा हाप्यामध्ये टाकली जातात.

# प्रकरण ८

# हायपोफायझेशन द्वारे प्रेरित प्रजनन

---

## ८.१ प्रेरित प्रजननाचा इतिहास

मत्स्य संवर्धनासाठी लागणारे मत्स्यबीज मिळवण्यासाठी प्रामुख्याने तीन मार्ग अवलंबले जातात.

१. माश्यांचा नैसर्गिक अधिवासात मिळणारे मत्स्यबीज (माशांची पिल्ले) गोळा करणे ही जुनी व पूर्वापार चालत आलेली पद्धत आहे.

२. त्यानंतर बंधाऱ्यामध्ये माशांचे प्रजनन करून बीजनिर्मिती केली जावू लागली.

३. सध्याच्या काळात आधुनिक मत्स्य प्रजनन व बीजनिर्मिती केंद्रे वापरून सुधारित पद्धतीने बीजनिर्मित केली जाते.

मासे नैसर्गिकरित्या त्यांच्या अधिवासात प्रजनन करून बीजनिर्मिती करतात. भारतीय प्रमुख कार्प (IMC) म्हणून ओळखल्या जाणाऱ्या माशांची नदीसारख्या वाहत्या पाण्यातच प्रजनन व पैदास होते. साधारणपणे हे मासे थांबलेल्या पाण्यात प्रजनन करत नाहीत. कॉमन कार्प मात्र थांबलेल्या शांत पाण्यातच प्रजनन व पैदास करतात. याप्रमाणेच माशांच्या वेगवेगळ्या प्रजाती नैसर्गिकरीत्या वेगवेगळ्या प्रकारच्या जलस्रोतांमध्ये प्रजनन व बीजांची पैदास करतात. त्यामुळे माशांच्या अशा नैसर्गिक अधिवासातून त्यांच्या पिल्लांचे म्हणजेच मत्स्य बीजाचे संकलन करून मत्स्य संवर्धनासाठी वापरले जात होते.

नद्या, खाडी, तलाव, जलाशय, बंधारे यासारख्या नैसर्गिक जलस्त्रोतांमध्ये विविध मत्स्य प्रजातींचे मत्स्यबीज योग्य प्रकारच्या जाळी व इतर साधने वापरून गोळा करता येते.

परंतु नैसर्गिक जलस्त्रोतामधून गोळा केलेले मत्स्य बीजामध्ये सामान्यत: इच्छित मत्स्य प्रजातीसोबत इतर नको असलेल्या हानिकारक व अवांछित मत्स्य प्रजातींचचे बीजही मिसळलेले असते. अशा विविध मत्स्य प्रजातींचे मिश्रण असलेल्या बीजामधून इच्छित प्रजातीचे बीज निवडून वेगळे करणे, हि खूप मोठी समस्या ठरते. याबरोबरच या प्रक्रियेत वारंवार हाताळल्याने बीजाची मरतुक होण्याची शक्यता असते, नैसर्गिक स्रोतांमधून केल्या जाणाऱ्या बीज संकलनात इच्छित प्रजातीचे मत्स्यबीज आवश्यक त्या प्रमाणात मिळणे दुरापास्त असते, बिजामध्ये परभक्षी माशे असल्यास ते इच्छित प्रजातींच्या बीजाला इजा करण्याची शक्यता असते व यासोबतच नैसर्गिक स्रोतांमधून मत्स्य बीजावर विविध रोगकारक सूक्ष्मजीवांचा प्रादुर्भाव असू शकतो ज्यामुळे संवार्धना दरम्यान माश्यांची मरतुक होऊन मोठ्या प्रमाणात नुकसान सोसावे लागू शकते.

नैसर्गिक जलस्त्रोतामधून मत्स्य बीजाचे संकलनमध्ये येणाऱ्या समस्यांवर मात करण्यासाठी, माशांचे प्रेरित प्रजनन करून मत्स्य बीज निर्मित करणे हा उत्तम पर्याय आहे. शुद्ध, आवश्यक प्रजातीचे आणि इतर प्रजातींच्या बीज मिश्रण रहित मत्स्यबीज मिळविण्यासाठी प्रेरित प्रजनन हे एक उत्कृष्ट तंत्र आहे. या तंत्राचे अनेक फायदे आहेत. प्रेरित प्रजननाने माशाच्या इच्छित प्रजातींचे शुद्ध बीज आवश्यक त्या प्रमाणात कमी वेळेत अगदी सहज तयार केले जाऊ शकते. या तंत्राने तयार केलेले मत्स्यबीज प्रजाती निहाय वेगवेगळे तयार

करता येत असल्याने बीजाची प्रजाती ओळखून वेगळे करण्याची समस्या उद्भवत नाही. या तंत्राद्वारे बीज निर्मिती अतिशय सोपी असून याद्वारे निरोगी व कुठलीही संसर्गजन्य आजार नसलेले मत्स्यबीज तयार करता येते. याबरोबरच वर्षभरात एकापेक्षा जास्त वेळा माशांचे प्रेरित प्रजनन करून पैदास करणे शक्य होते व याद्वारे संकरण करणे म्हणजेच माशांच्या संकरीत प्रजाती तयार करणेही शक्य आहे.

या तंत्रामध्ये माशांचे प्रेरित प्रजनन करण्यासाठी, प्रामुख्याने संप्रेरके (होर्मोन) युक्त पदार्थ इंजेक्शन व्दारे माशांच्या शरीरात सोडले जातात. यामध्ये प्रामुख्याने पियुष (पिट्यूटरी) ग्रंथीचा अर्क, एचसीजी व कृत्रिमरीत्या निर्मित संप्रेरके (ओव्हाप्राईम, ओव्हाटाइड, इ.) यांचा समावेश असतो.

सन १९३० मध्ये हाउसे यांनी अर्जेंटिनामध्ये पियुष (पिट्यूटरी) ग्रंथीचा अर्क तयार केल्यानंतर माशांच्या प्रेरित प्रजननाचे तंत्रज्ञान सुरु झाले. पिल्लांना जन्म देणाऱ्या (Viviparous) माशांनी मुदतीपूर्वीच पिल्लांना जन्म द्यावा यासाठी त्यांना संप्रेरकेयुक्त पियुष (पिट्यूटरी) ग्रंथीचा अर्क इंजेक्शन द्वारे देण्यात आला होता. पियुष (पिट्यूटरी) ग्रंथीचा अर्क देऊन माशांच्या प्रेरित प्रजननात १९३४ साली ब्राझिलच्या संशोधकांना यश प्राप्त झाले. हेच तंत्र अमेरिकेत मेर्लीन व हब्स यांनी वापरात आणले तर गेरेबिलिस्की यांनी रशियामध्ये हे तंत्र अवलंबले. डॉ. हिरालाल चौधरी यांनी भारतामध्ये याच तंत्राचा वापर १९५५ साली मायनर कार्प प्रजातीच्या (*Esomus danricus, Pseudeotropius atherinoides*) माशांवर केला. कॅटफिश प्रजातीतील (*Clarias batrachus & Heteropneustes fossilis*) माशांचे प्रेरित प्रजनन करण्यामध्ये रामास्वामी आणि सुंदरराज यांनी सर्वात आगोदर यश

मिळवले. प्रमुख कार्प प्रजातीतील माशांचे (*Labeo rohita, Cirrhinus mrigala & C. reba*) पहिले यशस्वी प्रेरित प्रजनन डॉ. हिरालाल चौधरी यांनी १९५७ साली पार पाडले. परमेश्वरन आणि अलीकुनी यांनी १९६३ मध्ये परदेशी चीनी कार्प प्रजातीतील माशांचे (*Hypophthalmichthys molitrix & Ctenopharyngodon Idella*) १९६३ साली प्रेरित प्रजनन यशस्वी करून पैदास पार पाडली.

"माशांना प्रजननास प्रवृत्त/ प्रेरित करण्यासाठी पियुष (पिट्यूटरी) ग्रंथीचा अर्क देणे याला हायपोफायसेशन म्हणून संबोधले जाते."

## ८.२ हायपोथेल्मिक-पिट्यूटरी-गोनाड अक्ष:

प्रेरित प्रजनन समजण्यासाठी हायपोथेल्मिक-पिट्यूटरी-गोनाड अक्ष समजून घेणे खूप महत्वाचे आहे. प्रजननासाठी अनुकूल पर्यावरणीय आणि शारीरिक स्थितीदरम्यान मेंदूतील हायपोथेलॅमस गोनाडोट्रोपिन-रिलीजिंग हार्मोन (जीएनआरएच) स्रावित करते. जीएनआरएच हायपोफिसिअल पोर्टल सिस्टमद्वारे पिट्यूटरी ग्रंथीमध्ये जावून फॉलीकाल स्टीमुलेटिंग संप्रेरक (एफएसएच), ल्युटिनायझिंग हार्मोन (एलएच) सारख्या गोनाडोट्रोपिक हार्मोन (जीटीएच) तयार करण्यासाठी पिट्यूटरीच्या स्रावी पेशींना उत्तेजित करते. हे हार्मोन (संप्रेरक) गॅमेट (अंडी व शुक्राणू) आणि स्टेरॉइड यांच्या उत्पादनासाठी गोनॅडला सक्रिय करतात.

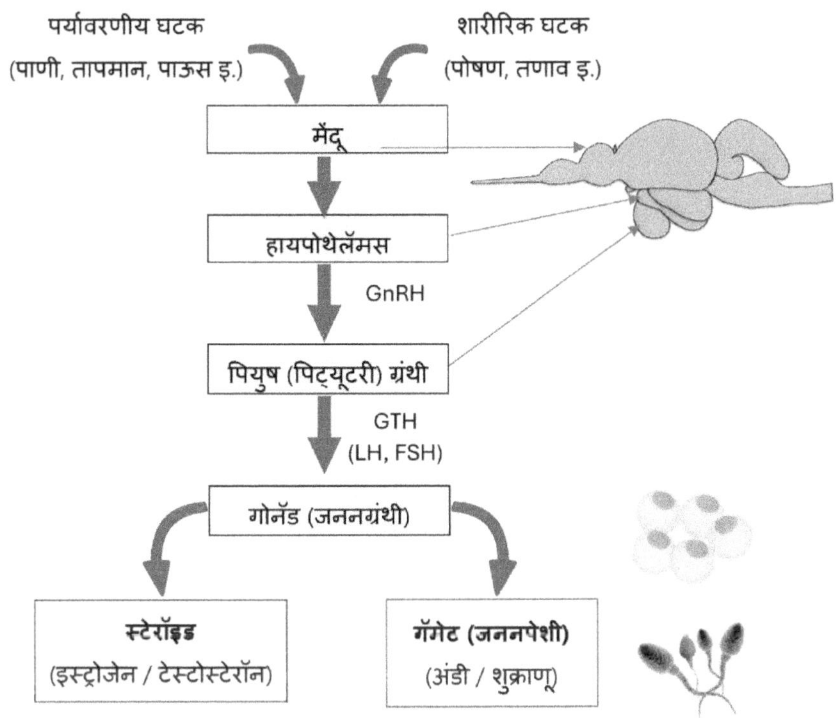



आकृती ८.१ : हायपोथेल्मिक-पिट्यूटरी-गोनाड अक्ष

## ८.३ माशांमधील पियुष (पिट्यूटरी) (पीजी) ग्रंथी:

माशांमधील पियुष (पिट्यूटरी) ग्रंथी लहान आकाराची, मऊ आणि मलईदार पांढऱ्या रंगाची असते. कार्प प्रजातींच्या माशांमध्ये पियुष (पिट्यूटरी) ग्रंथी चा आकार जवळपास गोल असतो.

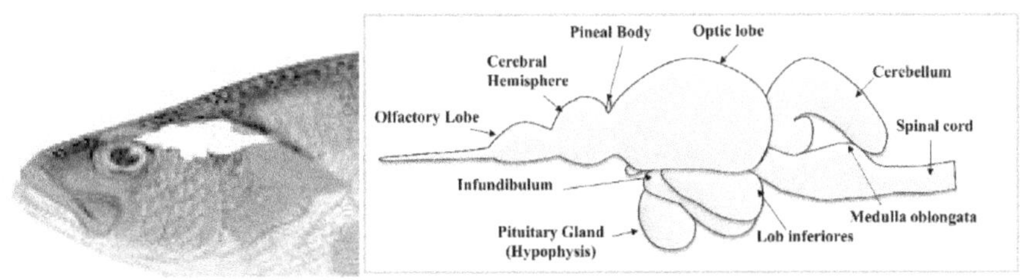



आकृती ८.२ : हायपोथेल्मिक-पिट्यूटरी-गोनाड अक्ष

पियुष (पिट्यूटरी) ग्रंथी हि मेंदूच्या खालच्या भागात ऑप्टिक कायास्माच्या मागे असून माशाच्या कवटीच्या पृष्ठभागावर सेला टर्सिका नावाच्या खाचेमध्ये असते व ड्युरामॅटर नावाच्या पातळ पडद्याने वेढलेले असते. काही माशांमध्ये पियुष (पिट्यूटरी) ग्रंथी मेंदूला पातळ देठाने जोडलेले असते, ज्याला इन्फंडिब्युलर देठ म्हणून ओळखले जाते. इन्फंडिब्युलर देठाच्या आधारे, ग्रंथींचे दोन प्रकारांमध्ये वर्गीकरण केले जाते. पहिले प्लॅटिबेसिक, ज्यांच्यामध्ये इन्फंडिब्युलर देठ नसते आणि दुसरे लेप्टोबेसिक ज्यांच्या मध्ये पियुष (पिट्यूटरी) ग्रंथी मेंदूला इन्फंडिब्युलर देठाने जोडलेल्या असतात. लेप्टोबेसिक प्रकारच्या पियुष (पिट्यूटरी) ग्रंथी कार्प्स प्रजातींच्या माशांमध्ये आणि प्लॅटिबेसिक प्रकारच्या पियुष (पिट्यूटरी) ग्रंथी चॅनिडी आणि नॉन्डिडी प्रजातीच्या माशांमध्ये आढळतात.

ग्रंथीचा आकार आणि वजन माशांच्या आकार आणि वजनानुसार बदलते. रोहु प्रजातीच्या माशांमध्ये, पियुष (पिट्यूटरी) ग्रंथीचे १-२ किलो वजनाच्या माशांमध्ये सरासरी वजन ६.६ मिलीग्राम, २-३ किलो वजनाच्या माशांमध्ये १०.३ मिलीग्राम, ३-४ किलो वजनाच्या माशांमध्ये १५.२ मिलीग्रॅम आणि ४-५ किलो वजनाच्या माशांमध्ये १८.६ मिलीग्रॅम असते.

पियुष (पिट्यूटरी) ग्रंथी वर्षभर फॉलीकाल स्टीमुलेटिंग संप्रेरक (एफएसएच), ल्युटिनायझिंग हार्मोन (एलएच) यासारखे गोनाडोट्रोपिक हार्मोन (जीटीएच) तयार करते. या हार्मोन (संप्रेरके) स्रावाचे प्रमाणात हे गोनाडल परिपक्वतेच्या चक्राशी संबंधित असते. एफएसएचमुळे मादिमध्ये गर्भाशयाच्या फोलिकल्सची वाढ आणि परिपक्वता येते तर नरांच्या अंडकोषात शुक्राणूजनन (शुक्राणू तयार होणे) होते. एलएच मादीच्या गर्भाशयाच्या फोलिकल्सचे कॉर्पस

ल्युटियामध्ये रूपांतर करण्यास मदत करते आणि नरामध्ये टेस्टोस्टेरॉन होमोर्नच्या उत्पादनास प्रोत्साहित करण्यास मदत करते. ही होर्मोन (संप्रेरके) प्रजाती विशिष्ट नसतात, सर्व प्रजातींमध्ये हीच होर्मोन (संप्रेरके) असतात. त्यामुळे एका प्रजातीच्या माशातून मिळणारे होर्मोन (संप्रेरके) दुसऱ्या प्रजातीच्या माशाना प्रजननास उत्तेजित करण्यास सक्षम असते. तथापि, वेगवेगळ्या प्रजातींमध्ये होर्मोन (संप्रेरके) च्या परिणामकारकतेत मोठी तफावत दिसून येते.

यामुळे एखाद्या प्रजातीच्या माशाच्या पियुष (पिट्यूटरी) ग्रंथी अर्क बनवून इतर प्रजातीच्या शरीरात सोडून त्याला प्रजननासाठी प्रेरित करता येऊ शकते. पियुष (पिट्यूटरी) ग्रंथीच्या अर्कामध्ये त्या ग्रंथी मधील होर्मोन ही येतात. हे हार्मोन ज्या माशाच्या शरीरात सोडले जाते, त्यांच्या मध्ये हि होर्मोन गोनाडल परिपक्वता घडवून प्रजननास प्रेरित करतात.

## ८.४ पिट्यूटरी ग्रंथीचे संकलन:

पियुष (पिट्यूटरी) ग्रंथी दान करणाऱ्या माशाला म्हणजेच ज्या माशापासून पियुष (पिट्यूटरी) ग्रंथी काढून संकलित केली जाते त्याला दाता (डोनर) मासा म्हणतात. दाता माशांच्या योग्य निवडीवर माशांच्या प्रेरित प्रजननातील यश बऱ्याच अंशी अवलंबून असते. ग्रंथी शक्यतो पूर्णपणे परिपक्व होऊन प्रजननास तयार असलेल्या माशांमधूनच संकलित केली पाहिजे. कारण प्रजननाच्या वेळी किंवा प्रजोत्पादनापूर्वी या ग्रंथीमध्ये होर्मोन (संप्रेरक) स्त्रावाचे प्रमाण अधिक असल्याने ग्रंथी सर्वाधिक प्रभावशाली असते. प्रजोत्पादनानंतर ग्रंथीची परिणामकारकता कमी होते. अपरिपक्व किंवा प्रजनन झालेल्या माशांमधून गोळा केलेल्या ग्रंथी सहसा समाधानकारक परिणाम देत नाहीत. प्रेरित प्रजोत्पादन केलेल्या माशांमधील प्रजोत्पादनानंतर लगेच गोळा केलेल्या

ग्रंथीदेखील प्रभावी असल्याचे आढळले असून इतर माशांच्या प्रजननासाठी त्यांचा वापर केला जाऊ शकतो.

प्रमुख कार्प प्रजातीतील पिट्यूटरी ग्रंथींच्या संकलनासाठी भारतामध्ये सर्वात योग्य काळ मे ते जुलै महिन्यांचा असतो, कारण बहुतेक कार्प या कालावधीत त्यांच्या परिपक्वतेच्या प्रगत अवस्थेत पोहोचतात. कॉमन कार्प हा बारमाही ब्रीडर असल्याने ग्रंथींच्या संकलनासाठी त्यांच्यातील प्रौढ मासे जवळजवळ वर्षभर मिळू शकतात. ग्रंथी सहसा ताज्या मारल्या गेलेल्या माशांमधून गोळा करण्यास प्राधान्य दिले जाते. परंतु बर्फामध्ये साठवणूक केलेल्या ग्रंथीदेखील वापरल्या जातात.

वेगवेगळ्या प्रदेशात पियुष (पिट्यूटरी) ग्रंथीच्या संकलनासाठी वेगवेगळ्या पद्धती अवलंबल्या जातात. यामध्ये प्रामुख्याने दोन पद्धतींचा सामावेश होतो. पहिल्या पद्धतीमध्ये टाळूचे विच्छेदन करून तर दुसऱ्या पद्धतीमध्ये कवटीच्या मागील भागातील फोरमेन मॅग्रमद्वारे पियुष (पिट्यूटरी) ग्रंथी काढली जाते.

## ८.४.१. टाळू विच्छेदन करून पियुष (पिट्यूटरी) ग्रंथी काढणे:

पियुष (पिट्यूटरी) ग्रंथी काढण्यासाठी सामान्यतः मोठा चाकू वापरून माशांच्या कवटीची टाळू कापून काढून टाकली जाते. टाळू काढल्यानंतर मेंदूवरील ग्रे-मॅटर आणि चरबीयुक्त पदार्थ कापसाच्या तुकड्याने हळुवारपणे स्वच्छ केले जातात. अशा प्रकारे उघडा झालेल्या मेंदूचे मज्जातंतू तोडून काळजीपूर्वक मेंदू उचलला जातो. बहुतेक सायप्रिनिड प्रजातीच्या माशामध्ये, मेंदू उचलल्या नंतर पिट्यूटरी ग्रंथी कवटीच्या पृष्ठभागावरच राहते. त्यानंतर

ग्रंथीला झाकणारा ड्युरामेटर बारीक सुई आणि चिमटा वापरून काळजीपूर्वक काढून टाकला जातो. उघड्या झालेल्या ग्रंथीला कोणतेही नुकसान न होता शाबूत उचलले जाते कारण खराब झाल्याने आणि तुटल्याने ग्रंथीची परिणामकारकता किंवा क्षमता कमी होवू शकते.

**आकृती ८.३: टाळूचे विच्छेदन करून पियुष (पिट्यूटरी) ग्रंथी मिळवणे**

## ८.४.२ फोरमेन मॅग्नमद्वारे पियुष (पिट्यूटरी) ग्रंथी काढणे:

फोरामेन मॅग्नम द्वारे पियुष (पिट्यूटरी) ग्रंथी काढता येवू शकते. पियुष (पिट्यूटरी) ग्रंथी काढण्याची ही एक सोपी पद्धत असून सामान्यत: गर्दीच्या आणि गोंधळ असलेल्या मासळी बाजारातून मोठ्या प्रमाणात ग्रंथी गोळा करण्यासाठी ही एक व्यावसायिक पद्धत आहे.

**आकृती ८.४: फोरमेन मॅग्नमद्वारे पियुष (पिट्यूटरी) ग्रंथी काढणे**

या पद्धतीद्वारे पियुष (पिट्यूटरी) ग्रंथी गोळा करण्यासाठी माशाचे शिरच्छेद करणे आवश्यक असते. शिरच्छेद करताना कवटीच्या मागील पाठीचा कणा तुटून मज्जारज्जू बाहेर येण्यासाठीची जागा म्हणजेच फोरमेन मॅग्नम दिसते. मासळी बाजारात किरकोळ विक्रेत्यांकडून आधीच कापल्या गेलेल्या माशांच्या डोक्यातून ग्रंथी गोळा केल्या जातात.

कापलेल्या माशाच्या डोक्याच्या मागच्या बाजूने ग्रे-मॅटर आणि चरबीयुक्त पदार्थ असलेले फोरमेन मॅग्नम स्पष्टपणे दिसते. मेंदू फोरमेनच्या खालच्या भागात असतो. ग्रंथी बाहेर काढण्यासाठी सर्वप्रथम फोरमेनमध्ये चिमट्याचे बोथट टोक टाकून मेंदूला त्रास न देता संपूर्ण ग्रे-मॅटर व चरबीयुक्त पदार्थ बाहेर काढून टाकले जातात. मेंदू काळजीपूर्वक वर उचलून पुढे ढकलला जातो किंवा छिद्रातून बाहेर खेचला जातो. कवटीच्या पृष्ठभागावर असलेली पियुष (पिट्यूटरी) ग्रंथी नंतर बारीक चिमट्याचा वापर करून उचलून काढली जाते. पियुष (पिट्यूटरी) ग्रंथी संकलनाचे हे तंत्र वापरून प्रयोगशील व्यक्ती तासाभरात सुमारे ५०-६० ग्रंथी सहज गोळा करू शकतो.

## ८.५ पियुष (पिट्यूटरी) ग्रंथींचे जतन व साठवण:

गोळा केलेल्या पियुष (पिट्यूटरी) ग्रंथी लगेच वापरले जाणार नसतील तर त्यांना योग्य रीतीने साठवण/जतन करून ठेवणे आवश्यक असते. त्यांच्यात असणाऱ्या ग्लाइको-प्रोटीन किंवा म्यूको-प्रोटीन मुळे त्यांच्यावर एन्झाइम ची त्वरित क्रिया होते. पिट्यूटरी ग्रंथी तीन पद्धतींनी जतन केल्या जाऊ शकतात - निरपेक्ष अल्कोहोल, एसीटोन आणि गोठवून.

माशांच्या पिट्यूटरी ग्रंथीचे निरपेक्ष अल्कोहोलमध्ये जतन करण्यास भारतामध्ये प्राधान्य दिले जाते. शिवाय, आतापर्यंत केलेल्या प्रयोगांनुसार भारतीय प्रमुख कार्प वर अल्कोहोल संरक्षित ग्रंथींचे एसीटोन संरक्षित ग्रंथींपेक्षा अधिक सकारात्मक परिणाम मिळाले आहेत.

संकलनानंतर ग्रंथी ताबडतोब डिफॅटिंग (स्निग्ध/चरबी निर्मुलन) आणि डिहायड्रेशन (निर्जलीकरण) साठी ऑब्सोलुट (शुद्ध) अल्कोहोलमध्ये ठेवल्या जातात. ग्रंथीची ओळख व माहिती सहजतेने मिळावी यासाठी प्रत्येक ग्रंथी क्रमवारीने चिन्हांकित केलेल्या स्वतंत्र नलिके (व्हायल) मध्ये ठेवली जाते. साधारपणे २४ तासांनंतर, ग्रंथी ऑब्सोलुट अल्कोहोलने धुवून पुन्हा गडद रंगाच्या बाटल्यांमध्ये असलेल्या ताज्या ऑब्सोलुट अल्कोहोल मध्ये ठेवल्या जातात. अशा व्हायल वातानुकुलीत तापमानात किंवा रेफ्रिजरेटरमध्ये साठवून ठेवल्या जातात. अधूनमधून अल्कोहोल बदलल्याने ग्रंथी जास्त काळ चांगल्या स्थितीत राहण्यास मदत होते. नलिकेच्या आत ओलावा जाण्यापासून रोखण्यासाठी, त्यांना काही कॅल्शियम क्लोराईड असलेल्या डेसिकेटरच्या (निर्जलक पात्र) आत ठेवले जाऊ शकते. ग्रंथी रेफ्रिजरेटरमध्ये ठेवणे श्रेयस्कर आहे. अशाप्रकारे अल्कोहोल वापरून रेफ्रिजरेटरमध्ये ठेवलेल्या ग्रंथी २-३ वर्षांपर्यंत व्यवस्थितपणे

साठवल्या जातात तर, वातावरणातील तापमानात त्या एक वर्षापर्यंत साठवले जाऊ शकतात.

ॲसीटोन देखील पियुष (पिट्यूटरी) ग्रंथी चे जतन व साठवणूक करण्यासाठी एक चांगला संरक्षक आहे. या पद्धतीत, संकलनानंतर लगेच ग्रंथी ताज्या एसीटोनमध्ये किंवा कोरड्या (कार्बनडाय ऑक्साइडचा) बर्फामध्ये थंड केलेल्या एसीटोनमध्ये टाकून ३६-४८ तास रेफ्रिजरेटरमध्ये १०° सेल्सिअस तापमानात ठेवल्या जातात. या कालावधीत, ग्रंथीचे योग्य डिफॅटिंग (स्निग्ध/चरबी निर्मुलन) आणि डिहायड्रेशन (निर्जलीकरण) होण्यासाठी साधारणपणे दर ८-१२ तासांच्या अंतराने एसीटोन २-३ वेळा बदलले जाते. त्यानंतर ग्रंथी एसीटोनमधून बाहेर काढून फिल्टर पेपरवर वातावरणातील तापमानात एक तास सुकवल्या जातात. यानंतर या सुकवलेल्या ग्रंथी रेफ्रिजरेटरमध्ये १०° सेल्सियस तापामानात साठवल्या जातात.

पियुष (पिट्यूटरी) ग्रंथी गोठवून साठवणूक करण्यासाठी संकलनानंतर त्वरित गोठवून (व्किक फ्रीजिंग) रेफ्रिजरेटरमध्ये साठवल्या जातात.

## ८.६ पियुष (पिट्यूटरी) ग्रंथी अर्क तयार करणे:

अर्क बनवण्यासाठी उपलब्धतेनुसार ताज्या किंवा साठवून ठेवलेल्या पियुष (पिट्यूटरी) ग्रंथी वापरल्या जातात. उपलब्ध ग्रंथींचे अचूक वजन केले जाते. ब्रीडर (प्रजनक) माशांच्या वजनानुसार ग्रंथीची अचूक मात्रा ठरवण्यासाठी हे आवश्यक आहे. वजन करताना प्रत्येक ग्रंथीचे किंवा ग्रंथीच्या संचाचे वजन केले जाऊ शकते. अधिक अचूक वजन मिळविण्यासाठी, अल्कोहोलमधून काढल्यानंतर दोन मिनिटांनंतर ग्रंथीचे वजन केले पाहिजे.

इंजेक्शनच्या देण्याच्या वेळीच पिट्यूटरी ग्रंथीचा अर्क तयार केला पाहिजे. प्रथम, ज्या ब्रीडर (प्रजनक) माशांना इंजेक्शन द्यायचे आहे, त्यांचा वजनावरुन आवश्यक ग्रंथीचे प्रमाण ठरवले जाते. त्यानंतर आवश्यक प्रमाणात ग्रंथी व्हायल्स (नलिका)मधून निवडून बाहेर काढल्या जातात. जर ग्रंथी अल्कोहोल मध्ये साठवलेल्या असतील तर अल्कोहोलचे बाष्पीभवन होऊ दिले जाते. ॲसीटोन मध्ये साठवलेल्या ग्रंथी व्हायल्ससमधून थेट अर्क बनवण्यासाठी घेतल्या जातात.

त्यानंतर ऊर्ध्वपातित (डीस्टील्ड) पाणी, सामान्य मीठाचे द्रावण किंवा अर्क प्राप्तकर्त्या माशाच्या रक्ताशी आयसोटोनिक (समपरासरी) असलेले कोणतेही शारीरिक द्रावण वापरून ग्रंथींना टिश्यू होमोजिनायझर (खलबत्ता) मध्ये व्यवस्थितपणे एकजीव मिसळले जाते. भारतीय प्रमुख कार्प्समध्ये प्रेरित प्रजननाचे सर्वात यशस्वी परिणाम ऊर्ध्वपातित (डीस्टील्ड) पाणी आणि ०.३ % सामान्य मीठाच्या द्रावण वापरून तयार करण्यात आलेल्या अर्काने प्राप्त झाले आहेत. ग्रंथी अर्कची एकाग्रता/ प्रमाण सामान्यत: प्रति ०.१ मिली माध्यमामध्ये १-४ मिलीग्राम ग्रंथी अर्क या प्रमाणात १ मिली माध्यमात २०-३० मिलीग्राम ग्रंथी अर्क या दरात ठेवली जाते. होमोजिनायझर (खलबत्ता) मध्ये एकजीव मिश्रण झाल्यानंतर ते सेंट्रीफ्यूज ट्यूब (नळी) मध्ये टाकले जाते. सेंट्रीफ्यूज ट्यूब (नळी) मध्ये टाकताना होमोजेनेट चांगले हलवावे जेणेकरून द्रावणात मिसळले जाणारे ग्रंथीचे कण सेंट्रीफ्यूज ट्यूबमध्ये येतील. ट्यूबमधील अर्क सेंट्रीफ्यूज करून त्यामधील द्रव पदार्थ इंजेक्शनसाठी हायपोडर्मिक सिरिंज वापरून काढला जातो.

माशांच्या प्रजनन हंगामापूर्वी पियुष (पिट्यूटरी) ग्रंथीचा अर्क मोठ्या प्रमाणात तयार करून ग्लिसरीनमध्ये (अर्कचा १ भाग : ग्लिसरीनचा २ भाग)

जतन करता येतो, जेणेकरून प्रत्येक प्रजननापूर्वी अर्क तयार करण्याचा त्रास टाळता येईल. असा साठवणुकीचा अर्क नेहमी रेफ्रिजरेटरमध्ये किंवा बर्फात साठवावा.

## ८.७ पियुष (पिट्यूटरी) ग्रंथी अर्कचा डोस:

माशांच्या प्रेरित प्रजननाचा सर्वात महत्वाचा पैलू म्हणजे पियुष (पिट्यूटरी) ग्रंथी अर्कच्या योग्य डोसचे मूल्यांकन होय. ग्रंथीची परिणामकारकता हि दाता माशाच्या प्रजाती, आकार व लैंगिक विकासाच्या टप्पा याबरोबरच ग्रंथींच्या संकलनाची वेळ आणि त्यांचे योग्य साठवण यानुसार बदलते. पिट्यूटरी ग्रंथीचा डोस हा प्रजनक (ब्रुडर) माशाच्या वजनाच्या प्रमाणात मोजला जातो. असे देखील आढळून आले आहे की, समान वजनाच्या प्रजनक (ब्रुडर) माशामधील गोनॅडच्या परिपक्कतेतील फरकामुळे समान डोस देऊनही परस्परविरोधी परिणाम येऊ शकतात. प्रजनक (ब्रुडर) माशांची काळजीपूर्वक निवड करून त्यांच्या शरीराच्या प्रति किलो वजनानुसार ग्रंथीच्या अर्काचे ज्ञात प्रमाण दिल्याने यशस्वी प्रजनन केले जाऊ शकते.

डोसच्या प्रमाणीकरणावरील प्रयोगातून असे दिसून आले आहे की, मादी माशांमध्ये हे एकच मोठा (नॉकआउट) डोस देण्यापेक्षा मादीला प्राथमिक कमी डोस देवून ६ तासांनंतर जास्त प्रभावी डोस देणे अधिक यशस्वी ठरते. आदर्श परिस्थिती आणि अनुकूल हवामान असताना प्रजनक (ब्रुडर) माशांना एकच उच्च डोस उपयुक्त असल्याचे, आढळले आहे. रोहू प्रजातीतील मासे दोन डोसला चांगला प्रतिसाद देतात, तर कटला आणि मृगळ प्रजातीचे माशे हे दोन्ही प्रकारच्या (एक किंवा दोन) डोसला चांगला प्रतिसाद देतात.

मादी माशांना त्यांच्या वजनाच्या प्रतिकिलो २-३ मिलीग्रॅम पिट्यूटरी ग्रंथीचा या दराने प्राथमिक डोस दिला जातो. सुमारे, ६ तासांनंतर मादी माशाला ग्रंथी अर्काचा ५-८ मिलीग्राम प्रति किलो (शरीराच्या वजनाच्या) या प्रमाणात दुसरा डोस दिला जातो, तर नर माशांना २-३ मिलीग्राम / किलो (शरीराच्या वजनाच्या) या दराने ग्रंथी अर्काचा एकच डोस दिला जातो. नर माशांच्या पोटावर किंचित दाब टाकून वीर्य बाहेर येत असल्यास त्या नर माशांना प्रारंभिक डोसची आवश्यकता नसते. ज्या नर माशांच्या पोटावर किंचित दाब टाकून वीर्य मुक्तपणे बाहेर येत नसेल, अशा नर माशांना पिट्यूटरी ग्रंथी अर्काचा २-३ मिलीग्राम / किलो या दराने प्रारंभिक डोस दिला जाऊ शकतो. प्रजननासाठी एका मादी सोबत दोन नर अशा प्रमाणात ठेवले जातात. माशांचा चांगला जुळणारा प्रजनन संच तयार करण्यासाठी नरांचे एकत्रित वजन मादीइतके किंवा त्यापेक्षा अधिक जास्त असावे. प्रजनक (ब्रुडर) यांच्या परिपक्वतेची स्थिती आणि प्राप्त पर्यावरणीय घटकांवर अवलंबून डोसमध्ये काहीसे बदल केले जाऊ शकतात.

## ८.८ इंजेक्शन देण्याची पद्धत:

इंट्रा-मस्क्युलर (स्नायूयुक्त-पेशी) इंजेक्शन ही भारतातील सर्वात सामान्य पद्धत आहे. इंट्रा-मस्क्युलर इंजेक्शन इतर पद्धतींच्या तुलनेत कमी जोखमीचे आहे. इंट्रा-पेरिटोनियल इंजेक्शन सहसा शरीराच्या मऊ भागातून दिले जातात, सामान्यतः पेल्विक (ओटीपोटावरील) पंखाच्या मुळाशी किंवा कधीकधी पेक्टोरल (कल्या मागील) पंखाच्या मुळाजवळ दिले जाते. परंतु पूर्णपणे परिपक्व माशांमध्ये इंट्रा-पेरिटोनियल इंजेक्शन देताना अंतर्गत अवयवांचे, विशेषतः वाढलेल्या गोनॅडचे नुकसान होण्याचा धोका असतो.

इंजेक्शन सहसा पृष्ठीय (कॉडल) पंखाच्या मुळाशी असलेल्या कॉडल पेडंकल किंवा वरील पंखाच्या मुळाजवळील भागात दिले जातात. कार्प माशांना इंजेक्शन देताना इंजेक्शनची सुई प्रथम माशांच्या शरीराला समांतर ठेवून खावाल्या (स्केल) खाली घातली जाते आणि नंतर एका कोनातून स्नायूंमध्ये घातली जाते. इंजेक्शनच्या वेळेबद्दल कोणताही स्पष्ट व कडक नियम नाहीत. दिवस आणि रात्री कोणत्याही वेळी इंजेक्शन दिले जाऊ शकते. परंतु कमी तापमान उपयुक्त असल्याने आणि रात्रीची वेळ तुलनेने शांत राहत असल्याने इंजेक्शन सामान्यत: दुपारच्या किंवा संध्याकाळच्या वेळेत दिले जातात. इंजेक्शनची वेळ अशाप्रकारे नियोजित केली जाते की मासे रात्रीच्या शांततेचा वापर निर्विघ्न प्रजनन करण्यासाठी वापरतात.

माशांना इंजेक्शन देण्यासाठी वापरली जाणारी सर्वात सोयीस्कर हायपोडर्मिक (त्वचेखाली द्यावयाचे) सिरिंज हि ०.१ सीसी विभागणीच्या खुणा असलेली २ सीसी क्षमतेची असते. इंजेक्शनसाठी वापरल्या जाणाऱ्या सुईचा आकार हा इंजेक्शन दिल्या जाणाऱ्या प्रजनक (ब्रुडर) माशांच्या आकारावर अवलंबून असतो. साधारणपणे १ -३ किलो वजनाच्या कार्प माशांना इंजेक्शन देण्यासाठी २२ क्रमांक ची सुई वापरली जाते तर यापेक्षा मोठ्या कार्पसाठी क्रमांक १९ ची सुई आणि लहान कार्पसाठी क्रमांक २४ ची सुई वापरण्यास सोयीस्कर ठरते. माशांना इंजेक्शन देताना भूल देणारे (ॲनेस्थेटिक) औषधांचा वापर केल्यास प्रजनक (ब्रुडर) माशांची जिवंत राहण्याच्या शक्यतेमध्ये लक्षणीय वाढ होते. माशांसाठी सामान्यत: वापरली जाणारी भूल देणारे (ॲनेस्थेटिक) पदार्थांमध्ये एमएस-२२२ आणि क्विनाल्डिन हि आहेत. एमएस-२२२ चा डोस ५०-१०० मिलीग्राम / लिटर पाण्यामध्ये दिला जातो. या द्रावणामध्ये

भिजवलेल्या कापसाचा बोळा माशांच्या तोंडात घालता येतो. क्रिनाल्डीन चा वापर ५०-१०० मिलीग्राम / लिटर केला जातो.

साधारणपणे दाता व घेणारा माशांच्या प्रजातींनुसार इंजेक्शन दोन प्रकारांमध्ये विभागले जाते.

## ८.८.१ होमोप्लास्टिक इंजेक्शन:

दाता माशातील पिट्यूटरी अर्काचे इंजेक्शन एकाच किंवा जवळच्या प्रजातीतील माशाला देणे याला होमोप्लास्टिक इंजेक्शन असे संबोधतात. उदा. एका कार्प माशाच्या पिट्यूटरी ग्रंथीचा अर्क दुसऱ्या कार्प माशाला देणे.

## ८.८.२ हेटेरोप्लास्टिक इंजेक्शन:

दाता माशातील पिट्यूटरी अर्काचे इंजेक्शन वेगळ्या किंवा लांबच्या प्रजातीतील माशाला देणे याला हेटेरोप्लास्टिक इंजेक्शन असे संबोधतात. उदा. कॅटफिशसाठी कार्प पिट्यूटरी ग्रंथीचा अर्क आणि त्याउलट.

# प्रकरण ९

## प्रेरित प्रजननासाठी जबाबदार हार्मोन्स

प्रेरित प्रजनन समजण्यासाठी हायपोथेल्मिक-पिट्यूटरी-गोनाड अक्ष समजून घेणे खूप महत्वाचे आहे. प्रजननासाठी अनुकूल पर्यावरणीय आणि शारीरिक स्थितीदरम्यान मेंदूतील हायपोथेलॅमस गोनाडोट्रोपिन-रिलीजिंग हार्मोन (जीएनआरएच) स्रावित करते. जीएनआरएच पिट्यूटरी ग्रंथीला गोनाडोट्रोपिक हार्मोन (जीटीएच) तयार करण्यासाठी उत्तेजित करते. जीटीएच हे गोनॅडला गॅमेट (अंडी व शुक्राणू) आणि स्टेरॉइड यांच्या उत्पादनासाठी सक्रिय करतात.

प्रत्येक पिट्यूटरी ग्रंथीच्या अर्काच्या परिणामकारक वेगवेगळी असते, म्हणजेच अर्काची परिणामकारकता ग्रंथी नुसार बदलत असते. त्यामुळे ग्रंथी एवजी वेगवेगळे पर्याय आजमावले गेले. माशांच्या प्रेरित प्रजननासाठी ल्युटिनायझिंग हार्मोन्स-रिलीजिंग हार्मोन्स (एलएच-आरएच) च्या एनालॉगचा (त्यासारखे पदार्थ) वापर करण्याचा प्रयत्न विविध देशांमध्ये केला गेला आहे. तथापि, एलएच-आरएच सह मिळवलेले यश नेहमीच एकसारखे येत नसे. याशिवाय माशांमध्ये प्रजनन प्रेरित करण्यासाठी त्याच्या उच्च डोस देण्याची आवश्यकता असे. यासारख्या संशोधनामुळे बहुतेक संवर्धनयोग्य माशांच्या प्रजननासाठी सोपे आणि प्रभावी तंत्रज्ञान विकसित करण्याचा मार्ग मोकळा झाला.

## प्रेरित प्रजननात वापरले जाणारे सिंथेटिक हार्मोन्स:

### ९.१ ह्यूमन (मानवी) कोरियोनिक गोनाडोट्रोपिन (एचसीजी):

ह्यूमन कोरियोनिक गोनाडोट्रोपिन (एचसीजी) हे पिट्यूटरी ग्रंथीचा (पीजी) पर्याय म्हणून आढळला. रशियन संशोधकांनी प्रथम 'कोरियोगोहिन' या व्यापारीक नावाने कोरिओनिक गोनाडोट्रोपिन चा वापर केला आणि लोच प्रजातींच्या माशांवर चांगले परिणाम मिळाले. त्यानंतर कार्प आणि ट्राऊट प्रजातींच्या माशावर एचसीजीचा यशस्वी वापर केला गेला. एचसीजी एकट्याने किंवा पिट्यूटरी ग्रंथीच्या अर्कच्या सोबत वापरून जगभरातील विविध माशांना प्रजननासाठी उत्तेजन देण्यासाठी प्रभावी आहे. एचसीजी एक ग्लाइको-प्रोटीन किंवा सायलो-प्रोटीन आहे, कारण प्रथिने हे कार्बोहायड्रेट सोबत जोडलेले असतात. शरीरामध्ये इस्ट्रोजेन आणि प्रोजेस्टेरॉनचे उत्पादन टिकवून ठेवणे हे एचसीजी चे प्राथमिक कार्य आहे. एचसीजी हे फ्लसेंटा (नाळ) मध्ये तयार होते आणि गर्भधारणेच्या सुरुवातीच्या टप्प्यात (२-४ महिने) लघवीद्वारे उत्सर्जित होते. एचसीजी चे गुणधर्म आणि कार्य हे कमी-अधिक प्रमाणात एफएसएच आणि एलएच सारखेच आहेत. जसा पिट्यूटरी ग्रंथीचा उपयोग माशांच्या प्रेरित प्रजननासाठी केला जातो, एचसीजी चा वापर गोनॅड चा लवकर विकास होण्यासाठी देखील केला जाऊ शकतो.

पिट्यूटरी ग्रंथी (पीजी) पेक्षा एचसीजी ची प्रेरित प्रजननासाठीचे श्रेष्ठत्व या आधारावर मोजले जाऊ शकते की एचसीजी मुळे मासे लवकर परिपक्वता प्राप्त करतात, माशांच्या पिल्लांचे (स्पॉनचे) चांगले जगण्याचे प्रमाण सुनिश्चित होते, पूर्वतयारी आणि अंतिम डोसमधील वेळेचे अंतर कमी होते. याबरोबरच एचसीजी जे अधिक किफायतशीर आणि दीर्घ टिकणारे असून सहज उपलब्ध

होते व अधिक भरवशाचे असते.

## ९.२ लिनपे पद्धतीने तयार केलेली संप्रेरके:

संप्रेरके तयार करण्यासाठी चीनचे डॉ. लिन आणि कॅनडाचे डॉ. पीटर यांनी संयुक्तपणे 'लिनपे' पद्धत नावाचे नवे तंत्र विकसित केले. यामध्ये जीएनआरएच (GnRH) चे एनालॉग व डोपामाइन विरोधी (अँटागोनिष्ट) पदार्थ एकत्र करून संप्रेरकांचे द्रावण तयार केले गेले. डोपामाइन मुळे जीएनआरएच चा स्राव रोखला जातो. त्यामुळे डोपामाइन चा प्रभाव कमी करण्यासाठी डोपामाइन विरोधी (अँटागोनिष्ट) त्यामध्ये वापरला जातो. जेणेकरून या पद्धतीने तयार केलेल्या संप्रेरकांची परिणामकारकता खूप प्रमाणात वाढते. या तत्त्वाच्या आधारे वेगवेगळ्या कंपन्यांकडून वेगवेगळे सिंथेटिक हार्मोन (कृत्रिम संप्रेरके) तयार करण्यात आली आहेत

## ९.२.१ ओव्हाप्राईम:

सिंडेल लॅबोरेटरीज लिमिटेड, कॅनडा वातावरणाच्या तापमानात टिकणारे आणि वापरण्यास तयार असे ओव्हाप्राईम नावाचे द्रावण तयार केले. यामध्ये २० $\mu g$ सालमन माशांचे गोनाडोट्रोपिन रिलीजिंग हार्मोन एनालॉग (एसजीएनआरएचए-sGnRHa) आणि १० मिलीग्राम / मिली डोम्पेरिडोन हे डोपामाइन विरोधी (अँटागोनिष्ट) वापरले जाते. ओव्हाप्राईम ची परिणामकारकता एकसमान असते. ओव्हाप्राईम मध्ये वापरण्यात आलेले एसजीएनआरएचए (sGnRHa) हे एलएचआरएच (LHRH) पेक्षा १७ पट अधिक प्रभावशाली म्हणून ओळखले जाते. ओव्हाप्राईम मध्ये डोपामाइन विरोधी (अँटागोनिष्ट) वापरले जाणारे डोम्पेरिडोन हे देखील पिमोझाइड सारख्या

दुसऱ्या सामान्यपणे वापरल्या जाणाऱ्या अँटागोनिष्ट पेक्षा अधिक सरस मानले जाते.

ओव्हाप्राईम हे वापरासाठी तयार (ready to use) उत्पादन असून याला रेफ्रिजरेटर मध्ये साठवण्याची आवश्यकता नसल्याने हे एक सर्वात सोयीस्कर आणि प्रभावी संप्रेरक द्रावण असल्याचे दिसते. हे औषध एकाच डोसमध्ये मादी आणि नर ब्रुड माशांना एकाच वेळी दिले जाते, पिट्यूटरी अर्का प्रमाणे याचे दोन डोस देण्याची आवश्यकता नसते. यामुळे ब्रुड माशांची हाताळणी तर कमी होतेच, शिवाय वेळ आणि श्रमही वाचण्यास मदत होते.

## ९.२.२ ओव्हाटाइड:

माशांच्या प्रेरित प्रजननासाठी ओव्हाटाइड हे एक देशी बनावटीचे, किफायतशीर असे नवीन संप्रेरकांचे संमिश्रण (हार्मोनल फॉर्म्युलेशन) आहे. यामध्ये नैसर्गिकरित्या आढळणाऱ्या गोनाडोट्रोपिन रिलीजिंग हार्मोन (जीएनआरएच) शी संरचनात्मकरित्या संबधित असलेले सिंथेटिक पेप्टाइड आणि डोपामाइन विरोधी (अँटागोनिष्ट) म्हणून पिमोझाइड वापरेले जाते. ओव्हाटाइड हे वापरासाठी तयार (ready to use) द्रावणाच्या स्वरूपात देण्यात आले आहे.

## ९.२.३ ओव्होपेल:

ओव्होपेल हे हंगेरीतील गोडोलो विद्यापीठाने विकसित केले आहे. यामध्ये सस्तन प्राण्यांतील (mammalian) जीएनआरएच आणि डोपामाइन विरोधी (अँटागोनिष्ट) मेटोक्लोप्रामाइड हे यांचे संमिश्रण असते. हे गोळीच्या

स्वरूपात टिकून राहते. यामध्ये वापरण्यात येणारे मेटोक्लोप्रामाइड हे पाण्यात विरघळणारे आहे.

## ९.३ एलएच-आरएच एनालॉग:

माशांच्या प्रेरित प्रजननासाठी ल्युटिनायझिंग हार्मोन-रिलीजिंग हार्मोन (एलएच-आरएच) यांचे विविध एनालॉग वापरले गेले आहेत. हाडे असलेल्या (Teleost) माशांमधील जीएनआरएचचे एनालॉग एलएच-आरएचपेक्षा अधिक प्रभावशाली असल्याचे आढळून आले आहे. जीएनआरएच (गोनाडोट्रोपिन रिलीजिंग हार्मोन) टेलिओस्ट माशांमध्ये जीटीएच (गोनाडोट्रोपिन हार्मोन) तयार करण्यास उत्तेजित करते. डोपामाइन विरोधी (अँटागोनिष्ट) सह जीएनआरएच एनालॉग वापरून मिळणाऱ्या रीलीजिंग होर्मोनचा प्रभावशाली वापर चीनमध्ये यशस्वीरित्या करण्यात आला आहे.

## ९.४ स्टेरॉइड:

निवडक स्टेरॉइड होर्मोनचा वापर माशांना प्रजानासाठी प्रेरित करण्यासाठी केला जातो. ओव्ह्युलेशनवर स्टेरॉइड संप्रेरकांचा प्रभाव प्रामुख्याने जर्मिनल व्हेसिकल ब्रेकडाउन (जीव्हीबीडी) म्हणून पाहिला जातो. डीऑक्सीकॉर्टिकोस्टेरॉन एसीटेट (डीओसीए) आणि कोर्टिसोन हे सिंघी (*Heteropneustes fossilis*) माशांमध्ये ओव्ह्युलेशनसाठी प्रभावीपणे उत्तेजन देतात. सामान्यत: वापरली जाणारी इतर स्टेरॉइड होर्मोन मध्ये १७ ए-हायड्रॉक्सी-२० बी डायहायड्रोप्रोजेस्टेरॉन, कोर्टिसोन एसीटेट, डीऑक्सीकोर्टिसोल, डीऑक्सीकोर्टिकोस्टेरॉन, हायड्रॉक्सीकोर्टिसोन, प्रोजेस्टेरॉन, ११ डीऑक्सी-कॉर्टिकोस्टेरॉन आणि २० बी प्रोजेस्टेरॉन यांचा

सामावेश होतो.

स्टेरॉइड होर्मोनच्या प्रमुख फायदे पुढीलप्रमाणे आहेत. बहुतेक स्टेरॉइड होर्मोनच्या कृत्रिम रचना या शुद्ध स्वरूपात उपलब्ध आहेत, स्टेरॉइडची गुणवत्ता एकसमान असते आणि स्टिरॉइड हार्मोन्स गोनाडोट्रोपिन पेक्षा खूप स्वस्त आहेत.

## ९.५ क्लोमिफेन:

क्लोमिफेन हे कृत्रिम नॉन-स्टेरॉइडल इस्ट्रोजेन क्लोरो-ट्रिएनिसेन याचे एनालॉग आहे. हे टेलिओस्ट माशांमध्ये इस्ट्रोजेन विरुद्ध (अँटीइस्ट्रोजेनिक) प्रभावसाठी ओळखले जाते. हे गोनाडोट्रोपिन होर्मोन साठी प्रेरित करते. क्लोमिफेनच्या इंजेक्शनमुळे गोल्ड फिश या माशांमध्ये ४ दिवसांच्या आत ओव्हुलेशन होते, तर सामान्य कार्प मासे ही क्लोमिफेन दिल्यानंतर ४०-६० तासांत यशस्वीरित्या प्रजनन करतात.

# प्रकरण १०

# बीज उत्पादन केंद्रे (हॅचेरी)

# (तत्त्व, रचना आणि व्यवस्थापन)

मत्स्य बीज उत्पादन करण्यासाठी विविध प्रकारचे मत्स्य बीज उत्पादन केंद्रे म्हणजेच हॅचेरी तयार करण्यात आल्या आहेत. माशाच्या प्रजातीच्या बीज निर्मितीच्या आवश्यकतेनुसार हॅचेरी ची रचना केली जाते. गोड्या पाण्यातील भारतीय प्रमुख कार्प प्रजातीतील माशांच्या बीजोत्पादनासाठी वापरण्यात येणाऱ्या काही महत्वाच्या हॅचेरी चा तपशील देण्यात आला आहे.

## १०.१ उबवण (हॅचिंग) हापा:

दुहेरी कापड असलेला उबवण (हॅचिंग) हापा मोठ्या प्रमाणात वापरला जातो. या हाप्यामध्ये दुहेरी कापड जाळीची भिंत असून याला बांबूच्या किंवा लाकडाच्या काठ्यांच्या सहाय्याने जलाशयातील पाण्यात स्थिर बसवले जाते. यामध्ये बाहेरील भागात पातळ किंवा जाड मलमलच्या कपड्यांपासून बनवलेला बाह्य हापा तर गोलाकर छिद्रांच्या मच्छरदाणीच्या कापडापासून बनवलेला आतील हापा असतो. बाह्य हापा आयताकृती असून मोजमाप साधारणपणे २ x १ x १ मीटर असते तर आतील हाप्याचे मोजमाप १.७५ x ०.७ x ०.९ मीटर याप्रमाणे असतो.

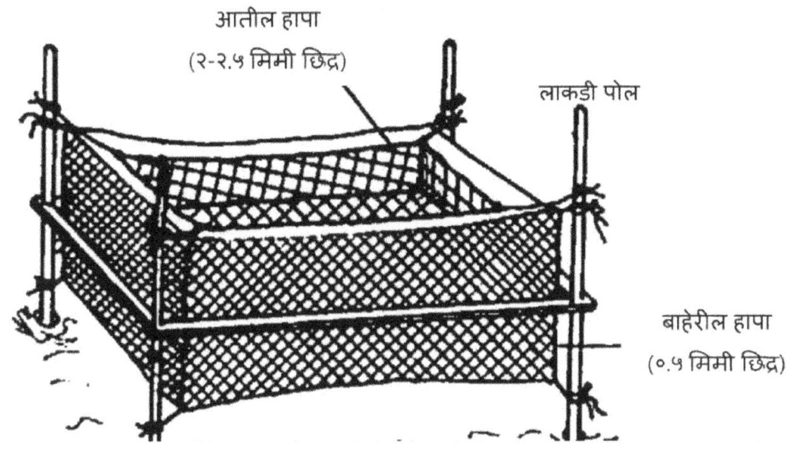


**आकृती १०.१: हापा**

बाह्य हाप्याच्या सर्व कोपऱ्याना बाहेरील बाजूने काठ्यांना बांधण्यासाठी दोऱ्या किंवा फासे दिलेले असतात, ज्यांच्या सहाय्याने हापा काठ्यांना घट्ट बांधला जातो. याचप्रमाणे आतील हापा बाह्य हाप्याला आतून बांधला जातो. बांधताना बाह्य हापा व आतील हापा यांच्या मध्ये सर्व बाजूंनी समान अंतर ठेवले जाते. हापा स्थिर बांधताना आतील हापामधील पाण्याची खोली सुमारे ३० सें.मी. राहील अशाप्रकारे बांधला जातो. याबरोबरच हाप्याचा वरचा भाग पाण्याच्या १०-१५ सेमी वर ठेवला जातो जेणेकरून आतील पिल्ले सहज हाप्याबाहेर जाणार नाहीत व बाहेरील मासे आणि इतर जलचर हाप्यामध्ये प्रवेश करणार नाहीत. असे हापे जलाशयामध्ये रांगेत लावले जातात.

अशाप्रकारच्या हाप्यामध्ये उबवण्यासाठी ठेवलेल्या अंड्यांची संख्या साधारणपणे ७५,००० ते १,००,००० अंडी प्रति हापा असते. उबवण्यासाठी ठेवलेली अंडी ही आतील हापामध्ये एकसमान पसरवलेली असतात. अंड्यांची उबवणी पूर्ण होऊन त्यामधून पिल्ले बाहेर आल्यानंतर ती आतील हाप्याच्या

छिद्रांद्वारे बाहेरील हाप्यामध्ये (दोन्ही हाप्यामधील जागेत) येतात. यानंतर आतील हापा काढून घेण्यात येतो. या आतील हाप्यासोबत अंड्याचे कवच आणि खराब झालेले अंडे देखील बाहेर निघून येतात. बाहेरील हाप्यामधील माशांची पिल्ले ४८ तासांच्या कालावधीसाठी त्या हाप्यामध्येच ठेवली जातात. या कालावधीत माशांच्या पिल्लांना असलेल्या पिवळ्या बलक (अन्न) पिशव्या द्वारे त्यांचे पोषण होते.

याप्रकारचा हापा जलाशयामध्ये लावण्यासाठी उथळ पाणी व काठ्या लावण्यासाठी मातीचा तळ असणे आवश्यक असते. याबरोबरच जलाशयामध्ये पाण्याची पातळी कमी झाल्यास अंडी व पिल्ले पाण्याबाहेर येवून मरू शकतात. याउलट पाणीपातळी वाढल्यास हापा पूर्णपणे पाण्याखाली जावून पिल्ले हाप्याबाहेर जाऊ शकतात किंवा इतर परभक्षी जलचर हाप्यामध्ये शिरून पिल्लांना इजा करू शकतात.

## १०.१.१ तरंगणारा (फ्लोटिंग) उबवण (हॅचिंग) हापा:

तरंगणारा (फ्लोटिंग) हॅचिंग हापा हा पारंपारिक हाप्याचे सुधारित रूप आहे. जलाशयतील पाणीपातळीत होणाऱ्या चढ-उतार चा यशस्वीपणे सामना करण्यासाठी तरंगणारा (फ्लोटिंग) हापा तयार करण्यात आला आहे. खडकाळ तळ असलेले जलाशय किंवा मोठ्या आकाराच्या जलाशयातील खोल भाग, ज्या ठिकाणी काठ्या बसवणे शक्य नसते, तेथेही तरंगणारा (फ्लोटिंग) हापा सहज बसवता येते. हा हापा पाण्यात तरंगत असल्यामुळे यातून पाण्याचा हलकासा प्रवाह जावून पाण्याची व वायूची चांगली देवाणघेवाण होण्यास मदत होते.

तरंगणाऱ्या (फ्लोटिंग) हाप्याची रचना, जडणघडण व आकार

पारंपारिक हाप्यासाराखीच असते. हा हापा पॉलिथीन किंवा ॲल्युमिनियम पाईप जोडून तयार केलेल्या फ्रेम (चौकट) वर बसवला जातो. या हाप्याला तरंगण्यासाठी वरच्या भागात फ्लोट्स (तरंगक) जोडले जातात. हापा एखाद्या स्थिर वस्तूला लांब दोरीने बांधला जातो, जेणेकरून तो पाण्याच्या प्रवाहात वाहून जाऊ नये.

तरंगणाऱ्या (फ्लोटिंग) हाप्यासाठी वापरली जाणारी फ्रेम आयताकृती असून मोजमाप २.१ x १.१ x १.२ मीटर असे असते. हापा हा दुहेरी जाळी वापरून बनवलेला असून बाहेरील हापा मलमली कापडी जाळीचा बनलेला असतो व त्याचे मोजमाप २ x १ x १ मीटर तर आतील हाप्याचे मोजमाप १.७५ x ०.७५ x ०.९ मीटर असे असून तो मच्छरदाणीची जाळी वापरून बनवलेला असतो. या प्रकारचे हापे हे दुमडून गोळा केले जाऊ शकतात व अगदी सहजपणे एकत्र करून उभारले जाऊ शकतात.

माशांची अंडी उबवण्यासाठी आतील हाप्यामध्ये एकसमान पसरवली जातात. हवामान आणि अंड्यांच्या उपलब्धतेनुसार प्रत्येक हापामध्ये साठवलेल्या अंड्यांची संख्या ७५,००० ते १,००,००० असू शकते. या हाप्यांमध्ये माशांच्या पिल्लांचा (स्पॉन) जगण्याचा दर ५०-६० % इतका नोंदविला जातो.

## १०.२ काचेच्या पात्राची (ग्लास जार) हॅचरी:

काचेच्या पात्राची (ग्लास जार) हॅचरीमध्ये अंडी उबवण्यासाठी काचेची दंडगोलाकार (Cylindrical) पात्र/साधने वापरली जातात. याबरोबरच यामध्ये निरंतर पाणी पुरवठा यंत्रणा, मत्स्य प्रजनन टाक्या, आणि स्पॉनरी यांचा देखील समावेश आसतो.

## १०.२.१ हॅचरीची संरचना:

ग्लास जार हॅचरी हि साधारणपणे बंदिस्त जागेमध्ये माशांचे नियंत्रित वातावरणात प्रजनन व बीज उत्पादन करण्यासाठी तयार करण्यात आली आहे. या हॅचरीमध्ये विविध साधने, यंत्रणा व विभाग असतात. त्यांची माहिती खालील प्रमाणे आहे.

## १०.२.१.१ ओव्हरहेड टाकी:

ग्लास जार हॅचरीमध्ये पाण्याचा निरंतर प्रवाह चालू ठेवावा लागतो. यासाठी उंचावर पाणी साठवण्यासाठी पाण्याची टाकी बसवलेली असते. सुमारे ४ मीटर उंचीच्या टॉवरवर ५५०० लिटर क्षमतेच्या ओव्हरहेड टाक्या ठेवण्यात येतात. या टाक्यांमधून पाईपलाईन व तोट्या वापरून हॅचरीमध्ये सर्वत्र पाणी पुरवठा केला जातो. उंचावर असल्याने या टाकीमध्ये एकदा पंपाद्वारे पाणी भरल्यानंतर गुरुत्वाकर्षणाने हॅचरीमध्ये वापरता येते. या टाक्यांना ताज्या पाण्याचा स्त्रोत म्हणून तलाव, विहीर किंवा बोर यांचा वापर केला जातो.

## १०.२.१.२ प्रजनन टाकी:

साधारणपणे हॅचरीमध्ये सिमेंटच्या किंवा प्लास्टिकच्या टाक्या प्रजनन टाकी म्हणून वापरले जातात. या टाक्यांमध्ये बसविलेल्या हाप्यांमध्ये माशांचे प्रजनन केले जाते. प्रत्येक प्रजनन टाकीमध्ये पावसासारखा पाण्याचा फवारा/कारंजा करण्यासाठी टाक्यांवर पाण्याच्या फवाऱ्याची सोय केली जाते.

## १०.२.१.३ उबवण पात्र/ उपकरण:

दंडगोलाकार (सिलेंड्रीकल) काचेच्या पात्रांचा संच उबवण उपकरण म्हणून वापरण्यात येते. या काचेच्या पात्राच्या वरील दंडगोलाकार भागाची लांबी

४०.५ सेमी व व्यास १३ सेमी असून याचा तळभाग निमुळता शंकुच्या आकाराचा असतो. खालील शंकूच्या टोकाला पाणी आत घेण्यासाठी १ सेमी व्यासाचे इनलेट (आवक मार्ग) असून या इनलेटला रबरी नळी जोडलेली असते. या रबरी नळीद्वारे उबवण पात्राला नियंत्रित पाणी पुरवठा केला जातो. या पात्रांच्या वरील भागात जास्तीचे पाणी बाहेर जाण्यासाठी चोच (स्पाउट) दिलेली असते.

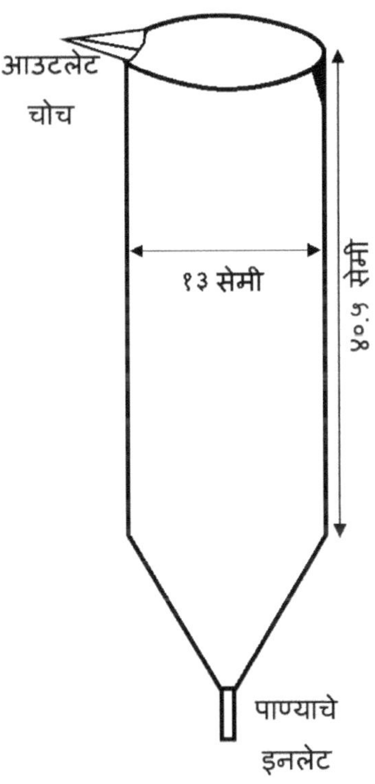


**आकृती १०.२: काचेचे पात्र (ग्लास जार)**

हि पात्र उभ्या स्थितीमध्ये टेबल व फ्रेम च्या सहाय्याने दोन रांगेत लावली जातात. पात्रांच्या या दोन्ही रांगांच्या मधून एक अर्ध वर्तुळाकार नळी (नाली) अशाप्रकारे बसवली जाते कि उबवण पात्रांमधून बाहेर पडणारे जास्तीचे पाणी पात्राच्या चोचीद्वारे या नळीमध्ये पडते. हि अर्धवर्तुळाकार नळी पुढे स्पॉनरीला

जोडलेली असल्याने उबवण पात्रांतील पाणी स्पॉनरीमध्ये जाते. याप्रकारच्या एका उबवण पात्रामध्ये एकावेळी सुमारे ५०००० फलित अंडी उबवण्यासाठी ठेवता येतात.

**आकृती १०.३ : ग्लास जार हॅचरी**

## १०.२.१.४ स्पॉनरी:

ग्लास जार हॅचरीमध्ये, १.८ x .०.९ x ०.९ मी आकाराची सिमेंटची टाकी स्पॉनरी म्हणून वापरली जाते. या टाकीमध्ये नायलॉन जाळीचा हापा (१.६५ x ०.८ x १.० मी.) बसविलेला असतो. स्पॉनरीमध्ये पाण्याचा फवारा करण्यासाठी त्याच्यावर फवाऱ्याची  (शॉवर) सोय करण्यात येते. उबवण पात्रांमध्ये उबवणी झाल्या नंतर माशांची पिले (स्पॉन) स्पॉनरीमध्ये गोळा केली जातात.

## १०.२.२ प्रक्रिया/प्रचालन (ऑपरेशन):

ग्लास जार हॅचरी ४० उबवण पात्रांची बनलेली असून प्रत्येक पात्रामध्ये ५०,००० या दराने एकावेळी माशांची २० लाख अंडी उबवण्याची क्षमता असते. या २० लाख अंड्यांपासून तयार होणाऱ्या माशांच्या पिल्लांना (स्पॉन) दोन स्पॉनरीमध्ये साठवता येते.

प्रजनन टाक्यांमध्ये माशांचे प्रजनन केले जाते. यासाठी नर व मादी माशांना संप्रेरके देऊन प्रजनन टाकीतील हाप्यामध्ये सोडले जाते व टाकीच्या वरील पाण्याचा फवारा सुरु केला जातो. यामुळे मासे प्रजनन करतात. प्रजनना नंतर माशांची अंडी गोळा करून प्रत्येक उबवण पात्रामध्ये सुमारे ५०,००० अंडी ठेवली जातात. या पात्रामध्ये तळभागातील इनलेट मधून पाण्याचा निगंत्रित प्रवाह दिला जातो. हा पाणी प्रवाह या प्रमाणे दिला जातो कि पात्रामधील अंडी सतत पाण्यामध्ये तरंगत (वर खाली ) राहतील. माशांच्या अंड्यांच्या उबवणी (Incubation) साठी पाण्याचा प्रवाह ६०० - ८०० मिली / मिनिट या प्रमाणात राखला जातो. पात्राच्या चोचीद्वारे बाहेर पडणारे पाणी नालीमध्ये गोळा होवून स्पॉनरीमध्ये पोचवले जाते. उबवणी झाल्यानंतर पात्रातील पाण्याच्या प्रवाहाचा वेग वाढवला जातो. यामुळे अंड्यामधून बाहेर आलेली माशांची पिल्ले ( स्पॉन) उबवण पात्राच्या चोचीतून नालीमध्ये येतात व नालीद्वारे स्पॉनरी मध्ये गोळा केली जातात. खराब अंडी आणि अंड्याचे कवच पात्रामध्येच राहतात, जे नंतर पात्राच्या खालच्या भागातील नळाद्वारे काढून टाकले जातात. साठवणुकीसाठी तयार होईपर्यंत माशांची पिल्ले (स्पॉन ) सुमारे ३ दिवस स्पॉनरी टाक्यांमध्ये ठेवले जातात.

## १०.३ बिन हॅचरी:

बिन हॅचरीमध्ये अंडी उबवण्यासाठी वापरण्यात येणाऱ्या उपकरणात एक बाह्य हॅचरी कंटेनर आणि आतील सामान्य अंडी पात्र असते. याशिवाय यामध्ये पाण्याची टाकी व हॅचरी कम स्पॉनरी (एचसीएस) टाकी (उबवण टाकी व स्पॉनरी असा दुहेरी वापर) यांचा सामावेश असतो.

## १०.३.१ हॅचरीची संरचना:

या हॅचरीमध्ये विविध साधने, यंत्रणा व विभाग असतात. त्यांची माहिती खालील प्रमाणे आहे.

### १०.३.१.१ ओव्हरहेड टाकी:

बिन हॅचरीमध्ये पाण्याचा निरंतर प्रवाह देण्यासाठी उंचावर पाणी साठवण्यासाठी टाकी बसवलेली असते. सुमारे ५००० लिटर क्षमता असलेल्या टाकीचा वापर केला जातो. हि टाकी पाईपलाईन व्दारे हॅचरी कम स्पॉनरी (एचसीएस) टाकीला पाणीपुरवठा करण्यासाठी जोडलेली असते. उंचावर असल्याने या टाकीमध्ये एकदा पंपाव्दारे पाणी भरल्यानंतर गुरुत्वाकर्षणाने हॅचरीमध्ये वापरता येते. या टाक्यांना ताज्या पाण्याचा स्त्रोत म्हणून तलाव, विहीर किंवा बोर यांचा वापर केला जातो.

### १०.३.१.२ हॅचरी कम स्पॉनरी (एचसीएस) युनिट:

यात अंड्यांच्या उबवणी साठी व स्पॉनच्या संकलनासाठी हॅचरी कम स्पॉनरी (एचसीएस) युनिट असतात. या मध्ये दोन उपकरणांचा सामावेश असतो, बाह्य हॅचरी कंटेनर (डब्बा) व आतील अंडी पात्र.

➤ **बाह्य (बाहेरील) हॅचरी कंटेनर:** बाह्य हॅचरी कंटेनर हे ॲल्युमिनियम शीटपासून बनलेला आयताकृती डब्बा आहे. या आयताकृती डब्याचे मोजमाप ५४ x १८ x २२ इंच असून हे कंटेनर तीन असमान कक्षांमध्ये विभागलेले असते. या कंटेनरमध्ये २४३ लिटर पाणी सामावण्याची क्षमता असते. एका वेळी प्रत्येक हॅचरी युनिटमध्ये ८ लाख अंडी उबवण्यासाठी ठेवली जातात. या कंटेनरमध्ये इनलेट पाईप, आउटलेट पाईप व ड्रेन पाईप देखील असतात.

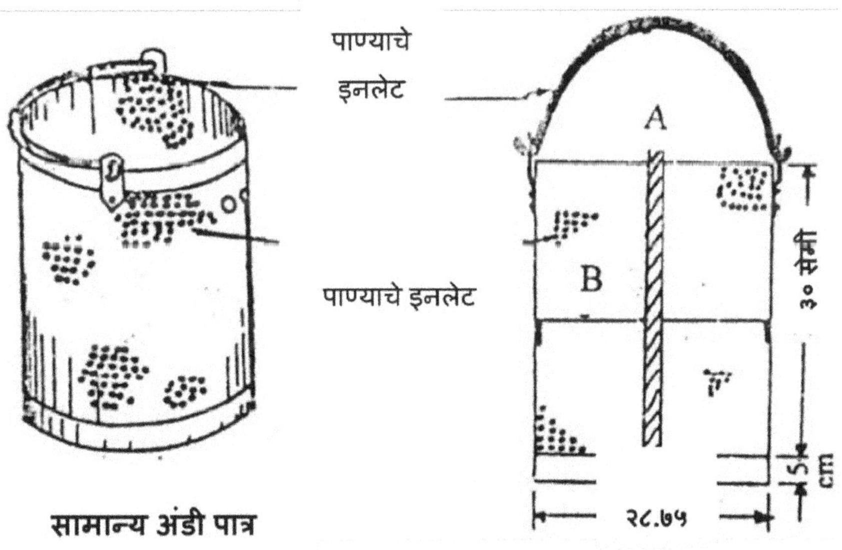


**आकृती १०.४ : हॅचरी कम स्पॉनरी (एचसीएस) युनिट**

➤ **सामान्य अंडी पात्र:** सामान्य अंडी पात्र १४ गेज ॲल्युमिनियमच्या पत्रा (शीट) वापरून बनवलेले असून त्याला 2.5 मिमी व्यासांची छिद्र केलेली असतात. हे पात्र दंडगोलाकार आकाराचे असून त्याचा व्यास १२ इंच व उंची १२ इंच असते. उभ्या ॲल्युमिनियम रॉडवर सरकू शकणारे आणि

कोणत्याही इच्छित उंचीवर बसवता येईल अशा प्लँजर (दट्ट्या) झाकणाची व्यवस्था केलेली असते. या उभ्या अँल्युमिनियम रॉडवर छिद्र बनवलेली असून त्या छिद्रांमधील अंतर सामान्यतः १ सेमी असते. अंडी पत्रामध्ये ठेवलेली अंडी दाटीवाटीने झाकणे, हा या झाकणाचा हेतू असतो. यामुळे यातून पाण्याचा कोणताही अतिप्रवाह टाळता येतो व त्याचबरोबर पाण्याचे व्यवस्थित अभिसरण (प्रवाह) शक्य होतो. प्रत्येक अंडी पत्रामध्ये एका वेळी सुमारे २ लाख अंडी उबवणीसाठी ठेवली जावू शकतात.

## १०.३.२ प्रक्रिया/प्रचालन (ऑपरेशन):

दोन कोटी अंडी उबवण्यासाठीच्या युनिटमध्ये आठ हॅचरी कम स्पॉनरी (एचसीएस) युनिट आणि उंचावर बसवलेली ५००० लिटर क्षमतेची पाण्याची टाकी असते. पाण्याच्या नैसर्गिक स्त्रोतांमधून पंपाद्वारे या टाकीमध्ये पाणी भरले जाते. या टाकीतून प्रत्येक एचसीएस युनिटच्या इनलेटला पाईपलाईन द्वारे नियंत्रित प्रवाहात पाणी पुरवण्याची सोय केलेली असते. एचसीएस युनिट शेजारी ठेवून अशाप्रकारे व्यवस्था केली जाते की, इनलेट, आउटलेट व ड्रेनेज कनेक्शनची योग्य जोडणीची सोय होईल. प्रत्येक एचसीएस युनिटमधून वाहणाऱ्या पाण्याचा वापर करण्यासाठी ड्रेनेजची चांगली व्यवस्था केलेली असते.

अंडी पात्रामध्ये माशांची फलित अंडी ठेवून त्याचे प्लँजर (दट्ट्या) झाकण योग्यप्रकारे लावले जाते. त्यानंतर अंडी पात्र बाह्य हॅचरी कंटेनरमध्ये ठेवली जातात. यामध्ये पाण्याच्या योग्य अभिसरणासाठी निरंतर प्रवाह चालु ठेवला जातो. अंडी उबवल्यानंतर आतील अंडीपात्र हे अंड्याचे कवच आणि

खराब अंड्यांसह बाह्य हॅचरी कंटेनरमधून बाहेर काढली जातात. माशांची पिल्ले (स्पॉन) एचसीएस युनिटमध्ये गोळा केली जातात.

## १०.४ सीआयएफई डी ८० (द्विवेदी – ८०) मॉडेल

सीआयएफई डी ८० (द्विवेदी – ८०) मॉडेल या प्रणालीमध्ये तापमान, ऑक्सिजन, गाळ, पाण्याचा प्रवाह आणि अंड्यांच्या हालचालीसाठी जागा अशा विविध पर्यावरणीय निकषांवर नियंत्रण ठेवून बाह्य वातावरणापासून स्वतंत्र अशा मत्स्य प्रजनन व अंडी उबवण्यासाठी उच्च कार्यक्षमतेची यंत्रणा विकसित करण्याचा प्रयत्न करण्यात आला आहे.

या हॅचरीमध्ये पाणी पुरवठ्याचे स्त्रोत, पंप, व्हर्टिकल (उभे) हॅचरी जार (पात्र), पीव्हीसी पाईप, व्हॉल्व्ह, शॉवर, वाहिन्या, हॅचरी स्टँड, ओव्हरहेड टाकी आणि हापा यांचा समावेश होतो. यामध्ये एकूण २४ उभ्या हॅचरी पात्रांचा सामावेश होतो. यातील ६ हॅचरी पात्र मिळून एक संच (युनिट) केला जातो व असे ४ संच या प्रणालीमध्ये वापरले जातात. या हॅचरी यंत्रणेत एकावेळी ५० लाख अंडी उबवण्याची क्षमता असते.

## १०.४.१ हॅचरीची संरचना:

## १०.४.१.१ ओव्हरहेड टाकी:

ओव्हरहेड टाकीमुळे हॅचरीमध्ये पाण्याचा स्वयंचलित प्रवाह सुनिश्चित होतो. २४ जार असलेल्या हॅचरीमध्ये पाणीपुरवठा करण्यासाठी प्रत्येकी दोन हजार लिटर क्षमतेचे तीन प्लॅस्टिक पूलची (टाक्याची) व्यवस्था ३.५ मीटर उंचीवर करण्यात येते. प्रत्येक टाकीमध्ये दोन डायाफ्राम प्रकारचे आउटलेट व्हॉल्व्ह असतात व हे व्हॉल्व्ह ५० मिमी व्यासाच्या पाईप लाइनला जोडलेले

आहेत. सर्व तलावांचे स्वतंत्र सुचालन असून त्यांना एकत्रितपणे हि वापरता येते. जेथे कायमस्वरूपीची उभारणी करावयाची असते अशा ठिकाणी कमी घनतेचे कठोर पॉलिथिन पाईप वापरणे इष्ट ठरते. ऑक्सिजनची इष्टतम पातळी राखण्यासाठी टाक्यांमध्ये ऐरेटर आणि शॉवर ची यंत्रणा दिली जाते.

## १०.४.१.२ हॅचरी युनिट:

हे कमी घनतेच्या पॉलिथीनपासून बनलेले असते. हॅचरी पात्र शंकूच्या आकाराचे (Conical)असून त्याचा वरचा भाग ४४० मिमी व्यासाचा व खालचा भाग ३२० मिमी व्यासाचा असतो. या पात्राची उंची ४८० मिमी असून याची क्षमता ४० लिटर असते.आउटलेट पाईपची क्षमता ३३ लिटर असते. प्रभावी वापरासाठी, अंडी तयार झाल्यानंतर अंड्याचे कवच वेगळे करण्यासाठी आतील उभ्या अंड्याच्या कंटेनरचा वापर केला जातो.

## १०.४.२ प्रक्रिया/प्रचालन (ऑपरेशन):

हाप्यांमध्ये माशांचे प्रजनन केले जाते आणि फलित अंडी आतील उभ्या अंड्याच्या कंटेनरमध्ये ठेवून हॅचरी पात्रामध्ये ठेवला जातो. अंडी उबवून झाल्यानंतर अंड्याचे कवच उभ्या कंटेनरमध्येच राहतात आणि माशांची पिल्ले स्पॉन रिसीव्हिंग टाकीमध्ये बसवलेल्या हापामध्ये गोळा केली जातात. अंडी उबवून पिल्ले बाहेर आल्यानंतर अंड्याचे कवच असलेले अंड्याचे कंटेनर बाहेर काढले जाते. पाण्याच्या प्रवाहाचा दर किंचित वाढवून पिल्ले लवकरात लवकर गोळा केली जातात. ऑक्सिजनचे प्रमाण राखण्यासाठी आणि तापमान कमी करण्यासाठी पाण्याचे फवारे सुरू केले जातात. टाकीच्या ४/५ पर्यंत ताजे पाणी भरले जाते आणि नंतर पाण्याचे फवारे थांबविले जातात. सतत दोन दिवस किंवा

स्पॉन साठवणुकीसाठी तयार होईपर्यंत ऐरेशन सुरु ठेवले जाते.

## १०.५ चीनी गोलाकार हॅचरी:

चिनी लोकांनी गुरुत्वाकर्षणाद्वारे पाण्याच्या सतत प्रवाहावर आधारित तंत्र विकसित केले आहे ज्याद्वारे कार्प माशांची पैदास, अंड्यांची उबवणी आणि पिल्लांची साठवणूक करणे शक्य होते.

हॅचिंग सिस्टममध्ये खालील घटकांचा समावेश असतो.

## १०.५.१ ओव्हरहेड टाकी :

ओव्हरहेड टाकी आरसीसीपासून बनलेली असून त्याची क्षमता सुमारे पाच हजार लिटर असते. याचा उपयोग स्पॉनिंग, इन्क्युबेशन आणि साठवण टाकीसाठी पुरेसे पाणी पुरविण्यासाठी केला जातो.

## १०.५.२ स्पॉनिंग /ब्रीडिंग पूल (प्रजनन टाकी) :

स्पॉनिंग/ब्रीडिंग पूल साठी गोलाकार सिमेंटची टाकी वापरली जाते. या टाकीचा व्यास ८-९ मीटर व खोली १ ते १.५ मीटर असून ५० घनमीटर पाणी धारण क्षमता असते. या टाकीचा तळभाग केंद्राकडे (मध्यभागी) उतरता असून त्याठिकाणी इन्क्युबेशन पूलकडे जाणारा आउटलेट पाईप असतो. स्पॉनिंग पूलमध्ये पाण्यासाठी असलेले इनलेट पाईप हे एकाच दिशेत ४५ अंशाच्या कोनात तिरके बसविलेले असतात. यामुळे पूलमध्ये पाण्याचा वर्तुळाकार (चक्रीय) प्रवाह तयार तयार होऊन माशांच्या प्रजननासाठी अनुकूल अशी कृत्रिम नदीपात्र स्थिती तयार होते.

स्पॉनिंग पूलमध्ये सुमारे ७० किलो नर आणि ७० किलो मादी मासे प्रजननासाठी सोडले जातात जेणेकरून एका प्रजनन प्रक्रियेत १० दशलक्ष अंडी

मिळू शकतात. प्रजननानंतर फलित अंडी पाण्याच्या चक्रीय प्रवाहासोबत आपोआप टाकीच्या केंद्रास्थानी जमा होतात आणि आउटलेट पाईपमधून इन्क्युबेशन पूलकडे जातात. टाकीतील विरघळलेल्या प्राणवायूचे प्रमाण वाढविण्यासाठी प्रजनन टाकीवर फवारे किंवा छिद्रयुक्त पाईप बसवले जातात. यामधून बारीक शॉवर केल्याने तलावाच्या पाण्यात वातावरणातील ऑक्सिजन मिसळण्यास मदत होते.

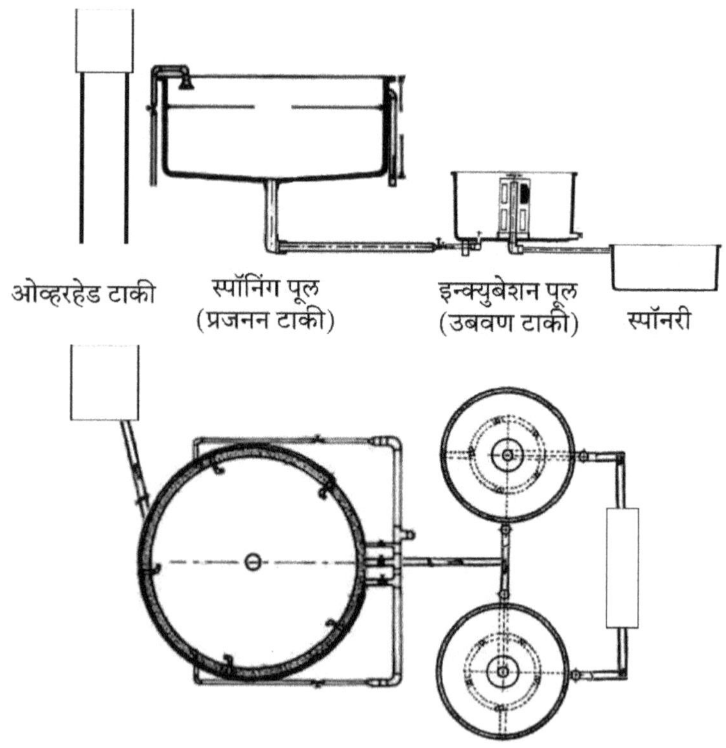


**आकृती १०.५: चीनी गोलाकार मत्स्य बीज हॅचरी**

## १०.५.३ इन्क्युबेशन/ हॅचिंग पूल (उबवण टाकी):

इन्क्युबेशन/हॅचिंग पूलमध्ये दोन संकेंद्रित वर्तुळाकार टाक्या (पूल) असतात. बांधलेल्या इन्क्युबेशन पूलची संख्या नेमक्या गरजेनुसार असते.

साधारणत: दोन इन्क्युबेशन पूल एका स्पॉनिंग पूलशी जोडलेले असतात. बाहेरील टाकीचा आतील व्यास ३ ते ४ मीटर व खोली सुमारे एक मीटर असून पाणी धारण क्षमता ९-१२ घनमीटर असते. बाहेरील टाकीपासून ०.८ ते १.० मीटर जागा ठेवून आतील टाकी बांधली जाते. आतील टाकीच्या भिंतीना पाणी वाहून जाण्यासाठी छिद्र किंवा मोकळी जागा असतात. यातून अंडी निघून जाऊ नयेत म्हणून आतील टाकीच्या भिंतींवर मलमलचे कापड लावले जाते. आतील टाकीच्या केंद्रस्थानी पाणी बाहेर जाण्यासाठी आउटलेट असते. इन्क्युबेशन पूल मध्ये पाण्याची पातळी नियंत्रित करण्यासाठी सुमारे ०.८ ते ०.९ मीटर उंचीचा पीव्हीसी पाईप टाकीच्या मध्यभागी असलेल्या आउटलेट मध्ये बसवला जातो. यामध्ये साधारणत: १० लाख अंडी प्रति घनमीटर याप्रमाणात उबवणी साठी टाकता येतात.

इन्क्युबेशन पूलमध्ये फलित अंडी उबवण्यासाठी पाण्याचा योग्य प्रवाह असणे फार महत्त्वाचे आहे. यासाठी टाकीच्या तळाशी व भिंतीना बसवले अनेक इनलेट पाईप हे एकाच दिशेने तिरकस बसविले जातात. याबरोबरच  स्पॉनिंग पूलकडून येणार पाईपहि त्याच प्रकारे तिरकस बसवलेला असतो. यामुळे इन्क्युबेशन पूलआधील दोन्ही टाक्यांच्या मधील जागेत पाणी वर्तुळाकार फिरून नदीसारखा प्रवाह तयार होतो. अतिरक्त पाणी आतील टाकीच्या भिंतीतील छिद्रांद्वारे मलमल कापदामधून गाळून केंद्रस्थानी असलेल्या आउटलेटद्वारे बाहेर जाते.

## १०.५.४ स्पॉनरी :

स्पॉनरी ही लहान आयताकृती टाकी असून तिचा आकार साधारणपणे २x१x१ मीटर असा असतो. स्पॉनरी चा वापर अंडी उबवणी नंतर माशांची पिल्ले

(स्पॉन) गोळा करण्यासाठी केला जातो. इन्क्युबेशन पूल मधून येणारा आउटलेट पाईप स्पॉनरीमध्ये येतो.

## १०.५.५ प्रक्रिया/प्रचालन (ऑपरेशन):

सर्वप्रथम प्रजनन टाकीत पाणी भरून त्यामध्ये पाण्याचा निरंतर वर्तुळाकार प्रवाह ठेवण्यासाठी सर्व तिरकस इनलेट पाईप मधून पाणी चालू ठेवले जाते. संप्रेरकांचे इंजेक्शन देऊन नर आणि मादी ब्रुडर माशांना २:१ या संख्या प्रमाणात प्रजनन टाकीमध्ये सोडले जातात. प्रजनन टाकीतील निरंतर पाणी प्रवाहामुळे नदीपात्रा सारखी स्थिती निर्माण होते. याबरोबरच वरील भागातील फवाऱ्यातून पाणी सोडून पावसा सारखी आभासी स्थिती तयार केली जाते. यामुळे टाकीतील मासे प्रजननासाठी प्रेरित होतात. फलित अंडी मध्यवर्ती आउटलेटमधून बाहेर जाऊन इन्क्युबेशन पूलमध्ये गोळा केली जातात. इनलेट व्हॉल्व्हद्वारे पाण्याचा प्रवाह नियंत्रित करण्याची व्यवस्था असते. या व्यवस्थेमुळे इन्क्युबेशन टाकीमध्ये फलित अंडी पाण्यामध्ये प्रवाहित ठेवून त्यांचे मंथन व तरंगत ठेवणे यासाठी मदत होते. अंडी उबवून पिल्ले (स्पॉन) बाहेर आल्यानंतर स्पॉनरीमध्ये स्पॉन गोळा केले जातात.

# प्रकरण ११

## मत्स्यबीज वाहतूक

संवर्धन योग्य मत्स्य प्रजातींच्या विविध टप्प्यातील (स्पॉन, फ्राय आणि फिंगरलिंग) पिल्लांची वाहतूक ही मत्स्यशेतीतील एक सामान्य व समाईक गरज आहे. अनेकदा बीज उत्पादनाच्या सोयीसाठी मोठ्या प्रौढ ब्रीडर माशांचीही वाहतूक करावी लागते. पकडलेल्या भागातून बाजारात जिवंत अवस्थेत माशांची विक्री करण्यासाठी मोठ्या प्रमाणात वाहतूक करणे, हा जगाच्या काही भागांमध्ये अत्यंत संघटित उद्योगाचा एक भाग आहे. परंतु आपल्याकडे माशांची जिवंत वाहतूक हि ब्रुड मासे आणि मत्स्य बीजाच्या वाहतुकीपुरतेचा मर्यादित आहे.

एकतर डोक्यावर किंवा कावडीप्रमाणे खांद्यावर घेऊन मातीच्या भांड्यांमध्ये मत्स्यबीजाची, बीज संकलन केंद्रातून स्पॉन मार्केट मध्ये आणि साठवणुकीसाठी नर्सरी मध्ये नेणे, ही जगाच्या काही भागात एक प्राचीन प्रथा आहे. या पारंपारिक पद्धतींमुळे वाहतुकीदरम्यान बऱ्याचदा पिल्लांची मोठ्या प्रमाणात मरतुक होते. अलीकडे जिवंत मासे वाहतुकीच्या तंत्रात सुधारणा करण्यात आल्या असून त्यांच्या जीवनचक्राच्या विविध टप्प्यांतील (हॅचलिंग, फ्राय, फिंगरलिंग, अल्पवयीन आणि प्रौढ) मूलभूत शारीरिक गरजा आणि वाहतुकी दरम्यान माशांच्या मृत्यूची कारणे देखील जाणून घेण्यात आली आहेत.

उपलब्ध असलेले पारंपारिक अनुभवजन्य ज्ञान पिल्लांची व माशांची फार उच्च जगण्याची खात्री देत नसले तरी आपण ते पूर्णपणे काढून टाकू नये, हे महत्वाचे आहे. कारण ते ज्ञान अजून सुधारीत करून विशेषत: ग्रामीण भागातील

मत्स्यशेतीमध्ये लागू केले जाऊ शकते, ज्या ठिकाणी उच्च तंत्रज्ञान लागू करणे कठीण आहे. वाहतूक तंत्रज्ञानातील आधुनिक विकास दोन स्तरांतून होत आहे; पहिला म्हणजे माशांच्या अंतर्गत शारीरिक यंत्रणा आणि इष्टतम गरजा समजून घेऊन वाहतुकीमध्ये माशांचे जास्तीत जास्त प्रमाणात जिवंत रहाणे सुनिश्चित करणे. दुसरे म्हणजे ज्या माध्यमात मासे वाहतूक केले जातात त्या माध्यमाच्या पर्यावरणीय मापदंडांचा अभ्यास होय. हे दोन स्तर वेगळे करणे अवघड आहे, परंतु या दोन्हींचे संश्लेषण माशांच्या ऑटोइकोलॉजीच्या अभ्यासात आणि वाढीव जगण्याची खात्री करण्याच्या पद्धतींच्या अनुप्रयोगात आहे. याबरोबरच वातावरणातील परिस्थितीचे नियंत्रण (उदा. वातावरणातील ऑक्सिजन, पीएच, अमोनिया) आणि माशांची वाहतूक करण्यासाठी अधिक योग्य शारीरिक स्थिती (उदा. कंडिशनिंग फिश फ्राय, वाहतुकीपूर्वी उपासमार) सुनिश्चित केले जातात.

पूर्वी उल्लेख केल्याप्रमाणे साध्या मातीच्या भांड्यांच्या वाहतुकीपासून पॉलिथिन पिशव्यांमध्ये उच्च दाबाखालील ऑक्सिजन भरून व ॲनेस्थेटिक्स आणि रसायनांचा वापरा करून वाहतूक करण्यापर्यंत मत्स्य वाहतूक तंत्रज्ञान विकसित झाले आहे. त्वचा आणि गिल्स कमी तापमानात ओलसर ठेवले गेले तर, ॲनेस्थेसिया (भूल) देऊन मासे पाण्याशिवायही वाहून नेले जाऊ शकतात. कोणत्याही सोयीस्कर वेळी वापरण्यासाठी माशांच्या शुक्राणूंचे क्रायोप्रिझर्व्हेशन येथे संदर्भित केले जाऊ शकते. जरी हे थेट बिज वाहतुकीपेक्षा बिज उत्पादनाशी संबंधित .

## ११.१ माशांवर हाताळणी आणि वाहतुकीचे शारीरिक परिणाम

मत्स्यबीज आणि ब्रुडर माशांच्या जिवंत वाहतुकीसाठी बऱ्याचदा हाताळले जातात. यामध्ये जाळीने किंवा त्याशिवाय पाठलाग करणे, नर्सरी

(संगोपन) तळे/ संवर्धन तलावांमध्ये पकडून कंडिशनिंग प्रणालीमध्ये टाकणे आणि त्यानंतर वाहतूकीसाठी वापरल्या जाणाऱ्या कंटेनरमध्ये हस्तांतरित करणे समाविष्ट असते. या पूर्व-वाहतूक हाताळणीचा ताण इतका जास्त असू शकतो कि यामुळे कधीकधी दुखापत आणि त्वरित मृत्यूदेखील होतो. वाहतुकीचा ताण हा हाताळण्याच्या ताणापासून वेगळा करता येतो.

वाहतुकीच्या ताणाची तीव्रता वाहतुकीचा कालावधी आणि वाहतुकीसाठी वापल्या जाणाऱ्या माध्यमाच्या/ कंटेनरच्या भौतिक-रासायनिक गुणधर्मांवर अवलंबून असते.

हायपरॲक्टिव्हिटी (अतिक्रियाशीलता) यासह हाताळणीचे शारीरिक परिणाम प्रथम नमूद केले जाऊ शकतात. हाताळण्याच्या तीव्रतेवर अवलंबून,याचा परिणाम एका दिवसापेक्षा जास्त काळ देखील टिकू शकतो. हायपरएक्टिव्हिटी किंवा वाढलेली शारीरिक क्रिया आणि हाताळणी व सहवार्तीत उत्तेजनामुळे स्नायूंमधील लेबिल ऊर्जा साठा (म्हणजेच ग्लायकोजेन) मुख्यत: ॲनारोबिक मार्गाद्वारे त्वरित कमी होते ज्यामुळे अतिरिक्त लॅक्टिक ॲसिड तयार होते. लॅक्टिक ॲसिडमुळे 'ॲसिडोसिस' होऊन परिणामी सामू (पीएच) कमी होतो व त्यामुळे कार्बनडाय ऑक्साईड मुक्त होतो. आम्ल सामू (पीएच) आणि रक्तातील कार्बन डाय ऑक्साईड वाढल्याने रक्तातील ऑक्सिजनचे प्रमाण कमी होते (बोर आणि रूट इफेक्ट). यामुळे माशांची ऊर्जा उत्पादन करणारी यंत्रणा गंभीरपणे बिघडून मासे कोसळू शकतात. रक्ताच्या ॲसिडोसिसमुळे इतर जैव-रासायनिक प्रतिक्रियांवरदेखील परिणाम होतो आणि थकवा देखील येऊ शकतो.

जिवंत मासे बऱ्याचदा ऑक्सिजनचे कर्ज जमा करतात, ज्यामुळे वाहतूकिवेळी असणाऱ्या गर्दीच्या स्थितीत, ऑक्सिजनच्या कमतरतेमध्ये माशांचा मृत्यू होऊ शकतो. त्यामुळे वाहतुकीसाठी पकडलेल्या माशांना इष्टतम परिस्थितीत उच्च ऑक्सिजनयुक्त पाण्यात वाहतुकीपूर्वी माशांच्या कंडिशनिंगसाठी पुरेसा वेळ देणे आवश्यक आहे.

## ११.२ वाहतुकीपूर्वी माशांचे कंडिशनिंग

लांब वाहतुकीसाठी स्पॉन, फ्राय आणि मोठे मासे तयार करावे लागतात किंवा अनुकूलित करावे लागतात. हे पुन्हा शारीरिक तत्त्वांवर आधारित आहे. मत्स्यबीज आणि ब्रुडफिश सामान्यत: कापडी 'हापा' किंवा इतर कंटेनरमध्ये मत्स्यतलावाच्या शांत कोपऱ्यात किंवा कालव्यात किंवा नदीत तुलनेने शांत पाण्यात काही काळ उपाशी ठेवले जातात आणि नंतर त्यांना वाहतूकीसाठी वाहकाकडे हस्तांतरित केले जाते.

माशांच्या कंडिशनिंग फायदे:

१. माशांना बंदिस्त अवस्थेची सवय होते.

२. मासे कमी उत्तेजित असतात आणि त्यामुळे ऊर्जेच्या खर्चात संयम ठेवतात.

३. मासे पकडण्याच्या हाताळणी प्रभावातून बरे होतात - रक्तातील लॅक्टेटची वाढलेली पातळी आणि रक्ताचा कमी हालेला सामू हे सामान्य पातळीवर येतात. उत्तेजित उच्च चयापचय दर (ऑक्सिजन सेवन, कार्बन डाय ऑक्साईड उत्पादन, नत्र उत्सर्जन) सामान्य होतात.

४. मासे किरकोळ दुखापती व म्युकसच्या हानीतून बरे होतात.

५. हाताळणीमुळे बिघडलेले आयन-ऑस्मोटिक संतुलन सामान्य होते.

६. आतडे घाण बाहेर काढली जाते आणि वाहतुकीच्या कालावधीत मलपदार्थाने पाणी अधिक दूषित होत नाही.

७. मासे उपाशी असल्याने उपलब्ध ग्लायकोजेनचा पुरेपूर वापर होतो. यामुळे वाहतुकीदरम्यान रक्तात जास्त प्रमाणात लॅक्टिक ॲसिड जमा होवून परिणामी ॲसिडोसिस आणि कोसळण्याची शक्यता बर् यापैकी कमी होते.

## ११.३ पॅकिंग आणि वाहतुकीच्या पद्धती

मत्स्यबीज वाहतूक पद्धती सहसा दोन विस्तृत श्रेणींमध्ये विभागल्या जातात: खुल्या वाहतूक प्रणालीमध्ये खुल्या टाक्यांमध्ये कृत्रिम ॲरेशन व पाणी परिसंचरण असते तर बंदिस्त वाहतूक प्रणालीमध्ये ऑक्सिजनसह सील बंद टाक्या किंवा पात्रे असतात.

## ११.३.१ मत्स्यबीज वाहतुकीची खुली प्रणाली:

मत्स्यबीज वाहतूकीसाठी सर्वात सोपी वाहक म्हणजे भारतातील पश्चिम बंगालमध्ये वापरली जाणारी पारंपारिक "हुंडी" सारखी मातीची पात्र. मातीच्या हुंडीची जागा आता अतूट असलेल्या ॲल्युमिनियमच्या भांड्यांनी घेतली आहे, परंतु मातीच्या हुंडीचा फायदा असा आहे की ते बाष्पीभवनीय शीतकरणाद्वारे आतील पाण्याचे तापमान थंड ठेवतात. बंगालमध्ये वापरली जाणारी मातीची भांडी दोन प्रकारची असतात. लहान प्रकारची भांडी २० सेंमी व्यासाची आणि २३ लिटर क्षमतेची असून डोक्यावर किंवा बांबूच्या कवडी वर वाहून नेली जातात. मोठ्या आकाराची भांडे २३ सेमी व्यास आणि ३२ लिटर क्षगतेचे असून

ते रेल्वेने मत्स्य बीजाची वाहतुकी करण्यासाठी वापरले जातात. मातीच्या भांड्यामध्ये ज्या पाण्यातून माशांची पिल्ले घ्यायची आहेत त्याच स्त्रोताच्या पाण्याने भरलेली असतात. लहान पात्रात सुमारे ५०,००० आणि मोठ्या पात्रात ७५,००० कार्प स्पॉन सोडले जातात. वाहतुकीदरम्यान, तळातील गाळ वेळोवेळी खडबडीत कापडी दोरीने भरून काढून टाकले जातात. गरजेनुसार टाकीमध्ये काही प्रमाणात नवीन स्वच्छ पाणी टाकले जाते. पाणी बदल्यामुळे माशांच्या पिल्लांची वाहतूक ३० तासांपर्यंत होऊ शकते.

आधीच नमूद केल्याप्रमाणे धातू बनविलेले सुधारित कंटेनर हे मातीच्या कंटेनर प्रमाणे फुटत नसल्याने सरस ठरतात. वापरण्यात येणारे धातूचे कंटेनर रुंद तोंड असलेली गोल भांडी असतात, ज्यांना छिद्र असलेले झाकण दाबून बसवून बंद करता येतात, मोठ्या प्रकारच्या कंटेनरचा व्यास तळाशी ५३ सेंमी तर तोंडाजवळील भागात २० सेंमी असून त्याची उंची ३८ सेंमी असते. या आकारातील कोणतीही भिन्नता तितकीच कार्यक्षम ठरते. मोडतोड टाळण्यासाठी आणि कदाचित तापमान रोधी परिणाम मिळण्यासाठी, धातूच्या कंटेनरवर लाकडी आवरण वापरले जातात. अनेकदा प्रवासादरम्यान कंटेनर लाकडी पेटाऱ्यामध्ये भरून ओले ठेवले जाते. कंटेनरमधील पाण्याच्या वर काही हवेची जागा सोडावी, असे काहिंचे मत आहे. यामुळे हवा आणि पाणी यांच्यात वायूंची चांगली देवाणघेवाण होऊ शकते, परंतु वाहतुकीदरम्यान सतत पाण्याच्या उसळण्यामुळे आतील मासे जखमी होण्याची शक्यता असते.

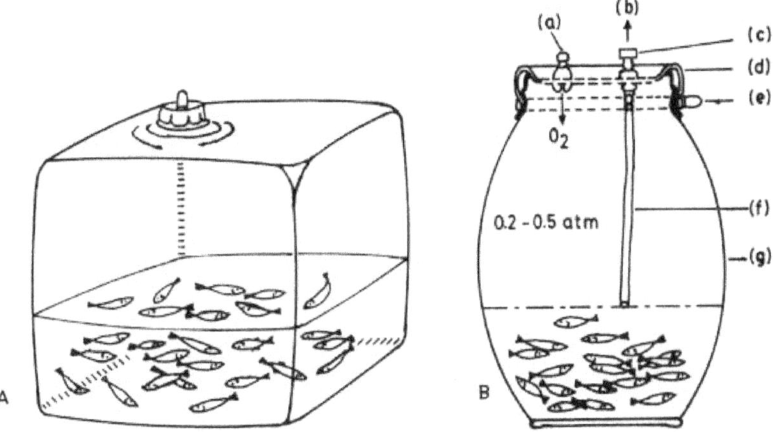



**आकृती ११.१: मत्स्यबीज वाहतुकीची खुली प्रणाली**

मोटार वाहनांवर बसवलेले मोठे कंटेनरही वापरण्यात आले आहेत. यातील काहींमध्ये टाकीतील पाण्याच्या पृष्ठभागावर पाण्याच्या फवारण्या तयार करणारा अर्ध रोटेटरी पंप जोडण्यात आला आहे, यासाठी एकमेकांना ४५° वर छिद्रांच्या दोन रांगा असलेल्या पुरवठा नळ्या वापरल्या जातात. अशा मोटार व्हॅनमधून (सेमी इन्सुलेटेड) ५०० किमी अंतरापर्यंत माशांच्या पिल्लांची (फ्राय) वाहतूक करण्यात आली असून मृत्यूदर ५ टक्क्यांपेक्षा कमी आढळून आला होता. मोटार वाहनांवर बसवलेल्या खुल्या वाहतूक वाहकांचे इतर ही अनेक प्रकार प्रचलित आहेत.

स्वस्त असूनही मत्स्यबीज वाहतुकीसाठी खुली पॅकिंग व्यवस्था बंद पडत चालली आहे, याचे मुख्य कारण म्हणजे लांबच्या प्रवासात सतत दक्षता आणि वारंवार पाणी बदलावे लागते. लहान पॅकिंग युनिट्समध्ये मोठ्या टप्प्यांतील पिल्लांचे (फिंगरलिंग आणि प्रौढ) वाहतूक करणे साहजिकच फायदेशीर किंवा किफायतशीर नाही.

## ११.३.२ मत्स्यबीज वाहतुकीची बंदिस्त व्यवस्था:

या प्रणालीमध्ये सीलबंद कंटेनरमध्ये पाण्याचा पृष्ठभागावर संकुचित (कॉम्प्रेस्ड) हवा किंवा शुद्ध ऑक्सिजन भरला जातो जेणेकरून पाण्याच्या पृष्ठभाग वरील हवा किंवा शुद्ध ऑक्सिजन च्या संपर्कात येते. ही पद्धत जगभर स्वीकारली जाते. त्यासाठी सीलबंद धातूचे कंटेनर, रबर आणि प्लॅस्टिकच्या पिशव्यांचा वापर करण्यात येतो. गॅल्व्हेनाइज्ड लोखंडाच्या धातूच्या कंटेनरमध्ये (४५ × ३५ × ३५ सेंमी.) दोन हवाबंद द्वार असतात; एक ऑक्सिजन आत सोडण्यासाठी आणि दुसरा पाणी सोडण्यासाठी. यामध्ये ७ - १० सेंमी लांबी असलेल्या १०० - २०० फिंगरलिंग्स किंवा १३ - २० सेंमी लांबी असलेल्या ३० - ४० फिंगरलिंग्स १२ तासांच्या प्रवासासाठी नेले जाऊ शकतात. मत्स्यबीजच्या २० तासांच्या वाहतुकीसाठी अठरा लिटरचे टिन, ज्यामध्ये ऑक्सिजन आणि पाणी सोडण्यासाठी हवाबंद छिद्रातून नळ्या पुरविण्यात येतात.

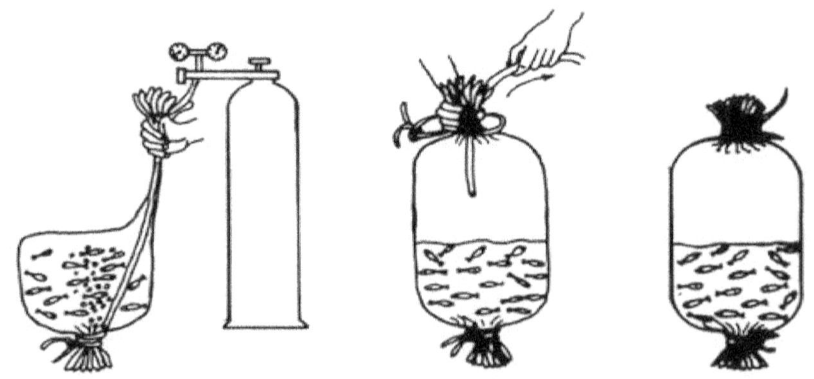

आकृती ११.२: मत्स्यबीज वाहतुकीची बंदिस्त व्यवस्था

विविध परिमाणांच्या (आकाराच्या) पॉलिथिन पिशव्या (७४ × ४६ सेंमी किंवा ६५ × ४५ सेंमी व जाडी ०.०६२५ मिमी) मत्स्य बीज (फ्राय आणि

फिंगरलिंग) वाहतुकीसाठी मोठ्या प्रमाणात वापरल्या जातात. या पद्धतीत पिशवी प्रथम १८ – २० लिटर क्षमतेच्या टिन किंवा कोणत्याही कडक डब्यात टाकली जाते. या पिशवी मध्ये त्याच्या क्षमतेच्या १/३ (६-७ लिटर) पर्यंत पाण्याने भरून त्यामध्ये आवश्यक प्रमाणात मत्स्यबीज टाकले जाते. त्यानंतर सिलिंडरमधून उच्च दाबाने पिशवीच्या २/३ पर्यंत ऑक्सिजन किंवा कॉम्प्रेस्ड हवा सोडून पिशवी फुगवली जाते. पिशवीचा वरचा १० - १५ सेंमी भाग पिळवून व वाकवून दोरीने सुरक्षितपणे बांधून हवाबंद केला जातो. अंतरानुसार प्रति पिशवी २०,००० - ४०,००० स्पॉन (हॅचलिंग्स), ३००-६०० फ्राय (३०-४० मिमी) आणि ४०-७० फिंगरलिंग्स अशा प्रकारे पॅक करून वाहतूक केली जाते. या प्रकारात मृत्यूचे प्रमाण शून्य ते पाच टक्क्यांपर्यंत राहते.

## ११.४ वाहतुकीदरम्यान माशांच्या मृत्यूची कारणे:

वाहतुकीदरम्यान होणाऱ्या माशांच्या मृत्यूस अनेक घटक जबाबदार असू शकतात.

१. माशांच्या श्वसनामुळे आणि माशांच्या उत्सर्जित कचऱ्यासह कोणत्याही सेंद्रिय पदार्थाचे (बीओडी लोड) सूक्ष्मजीवांकडून ऑक्सिडेशन मुळे पाण्यातील विरघळलेला ऑक्सिजन कमी होणे.

२. श्वसनामुळे मुक्त कार्बन डायऑक्साईड जमा होणे.

३. माशांच्या मुत्र विसार्जनातून येणाऱ्या अमोनियाचा संचय.

४. तापमानात अचानक होणारी चढ-उतार.

५. हाताळणीमुळे हायपरऑक्टिव्हिटी (अति कार्यशीलता), ताण तणाव आणि 'मर्यादित जागा' यामुळे लॅक्टेट जमा होते. यामुळे रक्ताची

ऑक्सिजन वाहून नेण्याची ची क्षमता पुन्हा कमी होते आणि 'थकवा कोसळतो'

६. तणावामुळे आयन-ऑस्मोटिक असंतुलन होते.

७. वाहतुकीपूर्वी आणि वाहतुकीदरम्यान हाताळणीमुळे शारीरिक इजा.

८. वेगवेगळ्या आजारांचा प्रादुर्भाव होणे.

## ११.५ मासे वाहतुकीत रसायनांचा वापर :

जिवंत मासे वाहतुकीदरम्यान विविध रसायने वापरले जातात. ही रसायने वाहतुकीदरम्यान माशांचा जगण्याचा दर विविध प्रकारे वाढविण्यास मदत करतात. वापरली जाणारी विविध प्रकारची रसायने आणि वाहतुकीदरम्यान त्यांची भूमिका खाली दिली आहे:

१. ऑनेस्थेटिक (भूल आणणारी) रसायने माशांना शांत करतात आणि त्यांची चयापचय क्रिया मंदावते. मत्स्यबीज वाहतूकीसाठी सामान्यत: वापरली जाणारी ऑनेस्थेटिक रसायनामध्ये कार्बोनिक आम्ल, क्विनाल्डिन, सोडियम अमायटल, युराथेन, क्लेरोनल क्लोरोबुटानल आणि टीएमएस -222 (ट्रायकेन मेथन सल्फोनेट) यांचा समावेश होतो.

२. वाहतुकीदरम्यान संसर्ग रोखण्यासाठी जंतुनाशक आणि ऑँटीबायोटिक्स मदत करतात आणि सूक्ष्मजीवांचे प्रमाण (मायक्रोबियल लोड) कमी करतात.

३. कोऑॅगुलंट आणि शोषक पदार्थ कोलाइडल पदार्थ काढून टाकण्यास मदत करतात. विरघळलेले सेंद्रिय पदार्थ आणि विषारी पदार्थही काढून

टाकता येतात. पाण्यातील विषारी अमोनिया काढून टाकण्यासाठी आणि मत्स्यबीजांना मृत्यूपासून वाचविण्यासाठी वाहतुकीदरम्यान माध्यमात शोषक जोडले जातात. यामध्ये पर्म्युटट, सिंथेटिक एमरलाइट रेझिन, पल्व्हराइज्ड अर्थ आणि क्लिनोप्टिलोलाईट यांचा सामावेश होतो.

४. बफर म्हणून काम करणारे सोडियम फॉस्फेट २ ग्रॅम/लिटर या दराने पाण्यात टाकल्यास, वाहतुकीदरम्यान मत्स्यबीजासाठी पाण्याचा अनुकूल पीएच मिळू शकतो.

५. ऑस्मोरेग्युलेटरी ताण कमी करण्यासाठी काही प्रकरणांमध्ये क्षार टाकले जाऊ शकतात.

## ११.६ वाहतुकीदरम्यान ॲनेस्थेटिक औषधांचा वापरः

मत्स्यबीजाचे चांगले जगण्याचे प्रमाण सुनिश्चित करण्यासाठी मत्स्यबीज वाहतुकीवेळी ॲनेस्थेटिक (भूल आणणारी) औषधे वापरली जातात.

ॲनेस्थेटिक्स वापरण्याचे फायदे आहेत-

१. माशांचे बिज शांत राहत असल्याने ते उडी मारत नाही आणि यामुळे इजा होण्याची शक्यता बरीच कमी होते

२. माशांची क्रिया कमी होवून ताण कमी होतो.

३. माशांचा चयापचय दर कमी होवून ऑक्सिजनचा वापर कमी होण्यास मदत होते. याबरोबरच अमोनिया आणि कार्बन डाय ऑक्साईड सारख्या विषारी वायूंच्या संचयहोण्याचे प्रमाणही कमी होते.

४. ॲनेस्थेटिक (भूल आणणारी) वापरलेले मत्स्यबीज हे इतर मत्स्यबीजाच्या तुलनेत दुप्पट काळ जिवंत असल्याचे आढळून आले आहे.

५. ॲनेस्थेटिक दिल्यामुळे मत्स्य बीजाचा जगण्याचा चांगला दर (९०%) सुनिश्चित होतो.

कार्बोनिक ॲसिड हे उत्तम ॲनेस्थेटिक (भूल आणणारे) असल्याचे आढळले आहे. मत्स्यबीज वाहतुकीसाठी वापरली जाणारी इतर ॲनेस्थेटिक मध्ये क्विनाल्डिन, सोडियम अमायटल, उराथेन, व्हेरोनल क्लोरोबुटानल आणि टीएमएस -222 (ट्रायकेन मेथन सल्फोनेट) यांचा समावेश होतो. कार्बोनिक ॲसिड केवळ स्वस्तच नाही तर सुरक्षित आणि वापरण्यास सोपे देखील आहे. मत्स्य बीज असलेल्या पिशवीत ८ लिटर पाण्यात ८ मिली ७% सोडियम बायकार्बोनेट द्रावण व ८ मिली ४% सल्फ्युरिक ॲसिड मिसळल्यास ५०० पीपीएम कार्बोनिक ॲसिड तयार होते. ही पिशवी तातडीने ऑक्सिजनने भरवाली जाते.

ॲनेस्थेटिक्सची निवड खालील बाबींवर आधारित केली जाते:

१. ॲनेस्थेटिझेशनचा (भूल येण्याचा) वेग आणि माशांचा पूर्वस्थितीत (शुद्धीत) येण्याचा वेग.

२. ॲनेस्थेटिकची परिणामकारकता अशी असावी की डोसमध्ये थोडासा बदल केल्यास त्याच्या परिणाम क्रियांचे प्रमाण बदलू नये.

३. ॲनेस्थेटिकचा पाण्याच्या गुणवत्तेचा परिणाम होता कामा नये.

४. ॲनेस्थेटिक सहज उपलब्ध व्हायला हवे.

५.	अॅनेस्थेटिकची स्वस्त असावी.

## ११.७ वाहतुकीदरम्यान अँटिसेप्टिक व अँटीबायोटिकचा वापर:

वाहतुकीदरम्यान संसर्ग, परजीवी, प्रादुर्भाव इत्यादींपासून माशांचे रक्षण करण्यास अँटीसेप्टिक आणि अँटीबायोटिक यांची मदत होते. मासे वाहतुकीसाठी अँटीसेप्टिक आणि अँटीबायोटिकचे कमी डोस वापरले जातात. यासाठी अँटीसेप्टिक आणि अँटीबायोटिक यांच्या इच्छित डोसाचे द्रावण तयार करून त्यामध्ये मासे बुडविले जातात.

सामान्यत: वाहतुकीदरम्यान वापरली जाणारी अँटीसेप्टिक आणि अँटीबायोटिक रसायने व त्यांचे डोस खाली दर्शविले आहेत.

| | |
|---|---|
| मेथिलीन ब्लू | - २ पीपीएम |
| अॅक्रिफ्लेविन | - १० पीपीएम |
| क्लोरोमायसेटिन | - ८-१० पीपीएम |
| कॉपर सल्फेट | - ०.५ पीपीएम |
| लवण | - ३% |
| पोटॅशियम परमॅंगनेट | - ३ पीपीएम |

*(पीपीएम: प्रति दशलक्ष भाग)*

वाहतुकीपूर्वी मासे हाताळताना रोगजंतू आणि परजीवी यांच्या प्रतिबंध करून त्यांचा प्रसार रोखण्यासाठी वरील रसायनांमध्ये मत्स्यबीजला रोगप्रतिबंधक स्नान देण्याची करण्याची शिफारस केली जाते.

# प्रकरण १२

# प्रजनक (ब्रुडर) माशांचे संकलन, संगोपन आणि निवड

मत्स्यबीज उत्पादनासाठी निरोगी व पूर्णपणे वाढ झालेले ब्रुडर मासे आवश्यक असतात. प्रजानासाठी वापरल्या जाणाऱ्या ब्रुडर माशांवरच तयार होणाऱ्या मत्स्य बीजाची गुणवत्ता अवलंबून असते. त्यामुळे योग्य प्रजनक (ब्रुडर) माशांचे संकलन करून त्यांचे काळजीपूर्वक संगोपन आणि निवड करणे हे मत्स्यबीज उत्पादन प्रक्रियेमध्ये महत्वाचे ठरते.

## १२.१ प्रजनक (ब्रुडर) माशांचे संकलन:

प्रजोत्पादन हंगामापूर्वी नैसर्गिक जलस्त्रोतांमधून, संवर्धन तलाव व इतर वेगवेगळ्या स्त्रोतांमधून ब्रुडर मासे गोळा केले जाऊ शकतात.

## १२.१.१ नैसर्गिक अधिवासतील वन्य मासे पकडून प्रजनक (ब्रुडर) माशांचा साठा तयार करणे:

नैसर्गिक अधिवासातील मासे प्रजनन करण्याच्या जागी गोळा झाल्यावर किंवा त्या जागेकडे स्थलांतर करणारे मासे सहज पकडले जाण्याची शक्यता असते. मासे प्रत्यक्षात प्रजनन क्रियेत असताना किंवा उथळ पाण्यात असताना ते सहज पकडले जाऊ शकतात. अशाप्रकारे मासे पकडण्यासाठी सापळे, गिलनेट, साधे घेरणारे जाळे, फेकजाळे आणि झाकणारेजाळे याप्रकारची उपकरणे वापरली जातात. अशा प्रकारे पकडलेले मासे आधीच **परिपक्व होऊन प्रजननास तयार** असल्याने त्यांचे स्त्रीपिंग सहजपणे केले जाऊ शकते. प्रजनन

प्रक्रियेदरम्यान हे ब्रुडर मासे काळजीपूर्वक हाताळणे आवश्यक आहे. शिवाय, नैसर्गिक वन्य अधिवासातील मासे संवर्धनातील बंदिस्त जीवनाशी सहजासहजी जुळवून घेत नाहीत. असे मासे घाबरून प्रचंड प्रमाणात पाण्यामध्ये उड्या मारतात आणि खाणेही टाळतात. सर्वसाधारणपणे, अशा जंगली माशांची हाताळणी हि पाळीव माशांच्या तुलनेत जास्त कठीण जाते. हॅचरीत परजीवी किंवा रोगकारक जीव येण्याची दाट शक्यता हा माशांच्या वन्य संग्रहाचा सर्वांत मोठा तोटा आहे. याउलट, या पद्धतीचा एक महत्वाचा फायदा असाही आहे की, प्रजनक (ब्रुडर) माशांचा साठ्याचे जतन व संवर्धन करण्यासाठी लागणारे कष्ट व खर्च कमी होतात. तथापि, बहुतेक व्यावसायिक हॅचरीमध्ये स्वत:चा आवश्यक प्रजनक (ब्रुडर) माशांचा साठा निरंतर राखला जातो.

## १२.१.२ संवर्धनाद्वारे प्रजनक (ब्रुडर) माशांचा साठा तयार करणे:

असंख्य अंतर्निहित अडचणी असूनही, ही पद्धत जगभरात मोठ्या प्रमाणात वापरली जाते. याचे महत्वाचे कारण म्हणजे, यामुळे निरोगी ब्रुडर माशांची बांधणी आणि निवड करून त्यांचा साठा सुधारण्यासाठी मदत होते. तथापि, यासाठी योग्य पर्यावरणीय संवर्धन परिस्थिती आणि पुरेसा अन्नपुरवठा करणे आवश्यक आहे. सुदैवाने, जवळजवळ सर्व लागवडीयोग्य मासे हे तलावाच्या पाण्यात पूर्ण लैंगिक परिपक्वता किंवा कमीतकमी "विश्रांती टप्प्यापर्यंतची" गोनाडल परिपक्वता प्राप्त करतात. नदीमध्ये किंवा खोल भागात प्रजनन करणाऱ्या माशांबाबत मात्र से अवघड जाते. परंतु कृत्रिम प्रजनन तंत्राद्वारे त्यापैकी बहुतेक माशांची पैदास करणे शक्य झाले आहे.

## १२.२ प्रजनक (ब्रुडर) माशांचे संगोपन:

ब्रूड स्टॉक तलाव हे सामान्यतःआयताकृती आकाराचे असून त्यांचे आकारमान ०.२ ते २.० हेक्टर, खोली १.५-२.५ मीटर व रुंदी ३०-४० मीटर असते. हे तलाव हंगामी किंवा निचरा करण्यायोग्य असून मातीचे असतात. संभाव्य प्रजनक) ब्रुड (माशांची निवड करून प्रजनन हंगामाच्या कमीतकमी ५-६ महिने आगोदर त्यांचे संगोपन केले जाते. माशांच्या प्रजाती व आकारानुसार, २-४ किलो वजनाचे व २ वर्षांपेक्षा जास्त वयोगटातील निरोगी प्रौढ माशांचे हेक्टरी १०००-३००० नग या दराने साठवणूक करून संगोपन केले जाते. लैंगिक परिपक्वतेच्या पूर्वतयारीच्या टप्प्यात माशांना त्यांच्या शरीराच्या वजनाच्या २-३% प्रथिनयुक्त पूरक खाद्य रोज दिले जाते तर आहार दिला जातो. लैंगिक परिपक्वतेच्या अवस्थेत ब्रुडर माशांना त्यांच्या शरीराच्या वजनाच्या १-२ % प्रथिनयुक्त आहाराची आवश्यकता असते.

## १२.३ प्रजनक माशां (ब्रुडर)ची घ्यावयाची काळजी:

१. प्लवंगाचे शाश्वत उत्पादन सुनिश्चित करण्यासाठी मानक प्रक्रियेचे अनुसरण करून ब्रुड-स्टॉक तलाव तयार करावा.

२. ब्रुडर माशांची वैयक्तिक आणि सामूहिक काळजी घेणे शक्य होण्यासाठी साठवणुकीच्या दरात फेरफार केला जातो. यामुळे परिपक्वतेच्या प्रारंभासाठी टप्प्यात त्यांना योग्य प्रमाणात पौष्टिक आणि पर्यावरणीय फायदे मिळू शकतात.

३. अपरिपक्व अवस्थेत, माशांना दररोज शरीराच्या वजनाच्या १-२ % दराने आहार दिला जातो. यासाठी तांदळाचा कोंडा आणि शेंगदाणा देप (१:१)

असा पारंपारिक आहार किंवा बाजारातील तयार मत्स्य खाद्य दिले जाते.

४. परिपक्व होण्याच्या अवस्थेत माशांना तांदळाचा कोंडा, शेंगदाणा देप, फिशमील, तृणधान्ये, हरभरा व खनिज आणि व्हिटॅमिन मिश्रण असलेले विशेष खाद्य दिले जाते. याला तयार मत्स्यखाद्य (प्रथिने ३०%) पर्याय म्हणून वापरता येते.

५. कृत्रिम आहाराव्यतिरिक्त गवती (ग्रास) कार्पला नाजूक जलीय किंवा जमिनीवरील तण देखील दिले जाते.

६. कॉमन कार्पसारख्या काही प्रजातींच्या तलावांमध्येच होणाऱ्या नैसर्गिक प्रजननामुळे त्यांना इतर कार्प प्रजातींपासून वेगळे ठेवण्याची आवश्यकता असते.

७. तलावांमध्येच प्रजनन करू शकणाऱ्या प्रजातींचे तलावात अपघाती प्रजनन होऊ नये म्हणून सामान्य कार्प सारख्या माशांना लिंगनिहाय विलगीकरण करून स्वतंत्र तलावात साठवले जाते.

८. तथापि, इतर प्रजातीच्या माशांना सामुदायिक तलावात साठवले जाऊ शकते किंवा प्रजातीनिहाय आणि / किंवा लिंगनिहाय विलगीकरणानंतर वेगळ्या तलावांमध्ये साठवल्या जाऊ शकतात.

९. विशेषत: कटला प्रजातीच्या माशांना इतर प्रजातींपासून वेगळे करणे आवश्यक असते कारण इतर प्रजातींसह साठा केल्यास हे मासे हार्मोनच्या इंजेक्शनला कमी प्रतिसाद देतात.

१०. शेपटीला धरून पकडलेल्या परिपक्व माशामधून वीर्य किंवा अंडी मिल्ट बाहेर याव्यात.

११. पॅडल-व्हील एरेटर पाण्यामध्ये एरेशन करण्यासाठी उपयोगी ठरतात.

१२. कमीतकमी एक महिन्यापूर्वी माशांच्या नर व मादीला वेगळे केल्याले प्रजोत्पादनादरम्यान नर आणि मादी यांच्यातील आकर्षण व आत्मीयता वाढते.

१३. वेळोवेळी खतांचा वापर करून पाण्याची गुणवत्ता आणि प्लवगांची पातळी राखण्याची काळजी घेतली जशैवालाची अतिवाढ आणि ऑक्सिजनची कमतरता पाणी बदलून नियंत्रित केली जाते.

१४. ब्रुडर माशांची वेळोवेळी तपासणी करून परजीवी आणि रोगकारक जीवांचे नियंत्रण केले जाते.

१५. लर्निया आणि गुलस सारखे सामान्य परजीवी प्रमुख कार्प प्रजातीच्या माशांवर आढळून येतात. कटला यासाठी अधिक संवेदनशील आहे. प्रभावित मासे पोटॅशिअम परमँगनेट च्या ५ पीपीएम (मिलिग्रॅम प्रति लिटर)च्या द्रावणाने निर्जंतुकीकरण करून नियंत्रित केले जाते.

## १२.४ प्रजनक (ब्रुडर) माशांची निवड:

नर व मादी मासे विशिष्ट लैंगिक फरक दर्शवितात. काही माशांच्या (ग्रास कार्प, चॅनेल कॅटफिश इ.) मादी माशांना खाऊ घालण्यापूर्वी त्यांची तपासणी करणे आवश्यक आहे, जेणेकरून ओटीपोटाचा फुगीरपणा हा खाल्लेल्या अन्नामुळे नसून गोनॅडच्या वाढीमुळेच आहे हे निश्चित होते. काही माशांमध्ये काही लक्षणे अनुपस्थित असू शकतात, तर इतरांमध्ये अतिरिक्त लक्षणेही असू शकतात. एकाच तलावात किंवा कुंडात नर आणि मादी मासे एकत्र असताना जर नर माशांनी प्रजोत्पादनाची तयारी दर्शविताना माद्यांनाही तीच अवस्था प्राप्त

होते. नदीच्या वाहत्या पाण्यात प्रजनन करणारे मासे तलावाच्या स्थिर व मर्यादित पाण्यात प्रजनन करत नसल्याने, त्यांचे लिंग वेगळे करण्याची गरज नाही. तलावातच प्रजोत्पादन करणाऱ्या माशांचे मात्र लिंगानुसार विलगीकरण करणे आवश्यक असते. असे न केल्यास अशा माशांचे साठवण तलावातच अनियंत्रित प्रजोत्पादन होऊ शकते (उदा. कॉमन कार्प) किंवा नरांमध्ये अनावश्यक भांडण (उदा. कॅटफिश) होण्याची शक्यता असते.

पुढील प्रक्रियांच्या यशस्वीतेची खात्री करण्यासाठी प्रजोत्पादनाच्या तयारी दरम्यान ब्रुडर माशांचे त्यांच्या शारीरिक आणि वर्तणुकीतील बदलांच्या संदर्भात काळजीपूर्वक निरीक्षण करणे महत्वाचे आहे. प्रजोत्पादनाच्या हंगामात नर आणि मादी सहजपणे ओळखता येतात. नर मादिंची ओळख खालील प्रमाणे केली जाते.

## १२.४.१ मादी प्रजनक (ब्रुडर) माशांची निवड:

१. मादी माशाचे पोट गोलाकार आणि मऊ असतेव या फुगलेले पोट श्रोणीच्या मागे जननेंद्रियाच्या तोंडापर्यंत पसरलेले असते.

२. जननेंद्रियाचे तोंड सूजलेले, बाहेर पडलेले आणि लालसर रंगाचे असते. त्याचे टोक असमान असते.

३. परिपक्व मादीच्या पोटाला हळुवार दाबल्यास त्यातून अंडी बाहेर येतात.

४. मादी माशांचे पंखावर खडबडीत फुगवटे नसल्याने ते बोटांना मऊ लागतात.

५. मादी माशांचे गुदद्वार देखील (व्हेंट) सूजलेले आणि लालसर देखील असू शकते.

### १२.४.२ नर प्रजनक (ब्रुडर) माशांची निवड:

१. नर मासे सडपातळ असते.

२. जननेंद्रियाचे तोंड टोकदार, बाहेर पडलेले आणि लालसर रंगाचे असते.

३. परिपक्क नराच्या पोटाला हळुवार दाबल्यास त्यातून विर्य बाहेर येते.

४. नर माशांच्या पेक्टोरल पंखावर व डोक्यावर छोटे खडबडीत फुगवटे असल्याने ते बोटांना खडबडीत लागतात.

५. ओरिनोको आणि ॲमेझॉन खोऱ्यातील काही नर मासे पाण्यातून बाहेर काढल्यावर (कोपोरो, क्युरिमाटा, कर्बिनाटा) आवाज निर्माण करतात.

# प्रकरण १३

# संदर्भ

---

Biofloc Fish Culture Booklet, National Fisheries Development Board, Department of Fisheries, Ministry of Fisheries, Animal Husbandry & Dairying, Government of India

Halwart, M. and M.V. Gupta (2004). Culture of fish in rice fields. FAO and the WorldFish Center, 83 p.

Jennifer Harland (2019). The origins of aquaculture, Zooarchaeology, 19 September 2019. https://doi.org/10.1038/s41559-019-0966-3

K. C. Jayaram (1994). The Freshwater Fishes of India, Pakistan, Bangladesh, Burma And Sri Lanka -A Handbook, Zoological Survey Of India, Calcutta

K.K. Philipose, Jayasree Loka, S.R.Krupesha Sharma, Divu Damodaran (2012). Handbook o0n Open Sea Cage Culture, Central Marine Fisheries Research Institute, Karwar Research Centre, ICAR, New Delhi.

Kumar, D. (1992). Fish culture in undrainable ponds. A manual for extension FAO Fisheries Technical Paper No. 325. Rome, FAO, 1992. 239 p

L. Gasco , Francesco Gai, Giulia Maricchiolo, Lucrezia Genovese, Sergio Ragonese, Teresa Bottari, Gabriella Caruso (2018).Feeds for the Aquaculture Sector, Current Situation and Alternative. Sources. Springer. https://doi.org/10.1007/978-3-319-77941-6

National Fisheries Development Board, Department of Fisheries, Ministry of Animal Husbandry, Dairying & Fisheries, Govt. of India, Website: http://nfdb.gov.in

Ravindra Verma (2020).  Indian Farming, Special issue on World Fisheries Day, November 2020, 70 (11).

Sena S. De Silva (2012). Aquaculture: a newly emergent food production sector and perspectives of its impacts on biodiversity and conservation, Biodivers Conserv, Springer, Doi 10.1007/s10531-012-0360-9

T. V. R. Pillay and M. N. Kutty (2005). Aquaculture, Principles and Practices, Second Edition, Blackwell Publishing Ltd.

Training Compendium, Freshwater Fish Seed Production and Nursery Rearing in West Bengal, India (2012). Faculty of Fishery Sciences, West Bengal University of Animal and Fishery Sciences, Kolkata, India

Wankhede G. N. and S. V. Deshmukh (2002). Freshwater Fish culture: Development and Management, Sarup and Sons Publication, Delhi.

Zade S.B., C.J. Khune, S.R. Sitre, R.V. Tijare, Principles of Aquaculture, Himalaya Publication.

Zdenka Svobodova, Richard Lloyd, Jana Machova and Blanka Vykusova (1993). Water quality and fish health. EIFAC Technical Paper. No. 54. Rome, FAO. 59 pp.